ZEITSCHRIFT FÜR ANGEWANDTE GEOLOGIE

HERAUSGEGEBEN VOM
ZENTRALEN GEOLOGISCHEN INSTITUT
IM AUFTRAG DES
STAATSSEKRETARIATS FÜR GEOLOGIE

AUS DEM INHALT

AKADEMIE-VERLAG · BERLIN

BAND 15 / HEFT 7
JULI 1969
SEITE 333—388

	INHALT	СОДЕРЖАНИЕ	CONTENTS	
G. TISCHENDORF	Über die kausalen Beziehungen zwischen Granitoiden und endogenen Zinnlagerstätten	О причинных связях между гранитоидами и эндогенными место-рождениями олова	On the Causal Relations between Granitoids and Endogenic Tin Deposits	333
G. HERRMANN	Der Zeitfaktor bei der Bildung von endogenen Zinnlagerstätten Bemerkungen zur Studie von Gerhard Tischendorf „Über die kausalen Beziehungen zwischen Granitoiden und endogenen Zinnlagerstätten"	Фактор времени при образовании эндогенных месторождений олова Замечания Г. Тишендорфа по обзору причинных связей между гранитоидами и эндогенными месторождениями олова	The Time Factor in the Formation of Endogenic Tin Deposits Observations on the Study Published by G. TISCHENDORF on Causal Relations between Granitoids and Endogenic Tin Deposits	343
G. TISCHENDORF	Erwiderung auf G. HERRMANN „Der Zeitfaktor bei der Bildung von endogenen Zinnlagerstätten"	Возражения к работе Г. Херрмана „Фактор времени при образовании эндогенных месторождений олова"	Reply to Observations by G. HERRMANN on „The Time Factor in the Formation of Endogenic Tin Deposits"	345
M. K. KALINKO	Förderung und Vorräte an Erdöl und Erdgas	Добыча и запасы нефти и газа	Production and Resources of Oil and Gas	345
H. E. OFFHAUS	Zu Fragen der Optimierung der Sondenanzahl beim Abbau von Erdgaslagerstätten	К вопросам оптимирования количества зондов при эксплуатации месторождений газа	On the Optimisation of the Number of Bore Holes in the Mining of Natural Gas Deposits	348
M. F. KASCHIRZEWA & G. D. TROSTJANSKIJ	Molybdän in einer Uran-Infiltrationslagerstätte (Ref. W. REMUS)	Молибден в инфильтрационном месторождении урана (Реферат В. Ремус)	Molybdenum in an Uranium Infiltration Deposit (Abstracted by W. REMUS)	353
G. BURMANN	Inkohlung und mechanische Deformation Abgehandelt am Erhaltungszustand organischer Mikrofossilien	Углефикация и механическая деформация Углефикация и механическая деформация на примере органических микрофоссилий	Coalification and Mechanical Deformation Discribed by the State of Reservation of Organic Microfossils	355
I. SCHRAGE & F. SCHUPPE	Entwicklung und Erprobung eines neuen Ultraschallmeßplatzes zur Ermittlung der Schallgeschwindigkeit an Bohrkernen unter Feldbedingungen und unter erhöhtem Druck im Laboratorium	Разработка и испытание новой площади измерения ультразвука для определения скорости звука на буровых кернах в полевых условиях и под повышенным давлением в лаборатории	Development and Trial of a New Ultrasonic Measuring Position for Determining the Sound Velocity of Cores under Field Conditions and under Elevated Pressure in the Laboratory	363
G. MILDE, U. HAGENDORF & U. TETZLAFF	Arbeitsmethodische Beiträge zur Paläohydrogeologie	Вопросы рабочей методики по палеогидрогеологии	Contributions to the Working Technique of Palaeohydrogeology	368
H. HETZER	Beiträge zur Erdölgeologie der UdSSR	О нефтяной геологии СССР	On the Geology of Petroleum in the U.S.S.R.	373
A. M. GRIMBERG	Neue Verfahren der Gesteinszerstörung	Новые методы разрушения пород	New Processes of Rock Destruction	376
M. LANGE & H. KADO	Eine Vorrichtung zur Entnahme von richtungsorientierten, ungestörten Lockergesteinsproben aus Bohrlöchern	О приборе для отбора ориентированных ненарушенных проб рыхлых пород из буровых скважин	A Device for Taking Direction-Orientated Undisturbed Soil Samples from Boreholes	378
H. J. RÖSLER & W. SCHRÖN	Ein neues Zerkleinerungsgerät zur Pulverisierung kleiner Probenmengen	Новый измельчающий прибор для распыления небольших количество образцов	A New Device for Pulverizing Small Quantities of Test Pieces	380
H.-J. BLANKENBURG	Lehrbriefe der Bergakademie Freiberg — 3. Mitteilung	Учебные пособия Горной Академии Фрейберг, 3 сообщение	Correspondence Courses, Freiberg School of Mining, 3rd Communication	382

Die ZEITSCHRIFT FÜR ANGEWANDTE GEOLOGIE berichtet ständig über folgende Arbeitsgebiete: Geologische Grundlagenforschung und Lagerstättenforschung / Methodik der geologischen Erkundung / Ökonomie und Planung der geologischen Erkundung / Technik der geologischen Erkundung / Geologie und Lagerstättenkunde im Ausland. In der Zeitschrift können alle strittigen Fragen der praktischen Geologie behandelt werden. Die Autoren übernehmen für ihre Aufsätze die übliche Verantwortung.

ZEITSCHRIFT FÜR ANGEWANDTE GEOLOGIE

Träger der Ehrennadel in Gold der Gesellschaft für Deutsch-Sowjetische Freundschaft

BAND 15 · JULI 1969 · HEFT 7

Über die kausalen Beziehungen zwischen Granitoiden und endogenen Zinnlagerstätten

Fakten und Modellvorstellung

GERHARD TISCHENDORF, Berlin

(Mitteilung aus dem Zentralen Geologischen Institut, Berlin)

1. Problemstellung

Eine Anreicherung von Elementen in einem bestimmten Raum, z. B. eine Lagerstättenbildung, kann nur verstanden werden, wenn diese als Prozeß angesehen wird. Ausgangsbasis (Edukt) des Prozesses ist ein Stadium hoher thermischer bzw. potentieller Energie, Endpunkt (Produkt) ein Stadium niederer Energie. Für den Stofftransport ist ein entsprechendes Medium (Schmelze, meist Lösung) mit entsprechendem Raumangebot notwendig. Im Verlauf des Stofftransportes setzen Differentiations- und Konzentrationsvorgänge ein. Edukt, Transportstadium sowie Produkt bilden ein zusammenhängendes, im kybernetischen Sinn offenes System. Das im System vorhandene Energiegefälle ist der Motor für die Elementbewegungen. Die Kenntnis dieses Systems versetzt uns in die Lage, die metallogenetischen Faktoren, d. h. regional und lokal erzkontrollierende Faktoren, sowie Erzindikatoren als Basis für eine Lagerstättenprognose zu erfassen.

Im Falle einer endogenen, auf magmatische Prozesse bezogenen Lagerstättenbildung existieren zwischen Edukt (Magmatit) und Produkt (Lagerstätte) die in Tab. 1 schematisch dargestellten funktionellen Zusammenhänge.

Die Erzlagerstätte wird in diesem Zusammenhang als ein Teil eines Gesamtsystems betrachtet, die (als Endprodukt) über jene Vorgänge informiert, die zu ihrer Bildung beitrugen (siehe hierzu z. B. KONSTANTINOW 1966). Für die Prognose von noch entscheidenderer Bedeutung ist jedoch die Tatsache, daß auch das Edukt notwendigerweise bestimmte Eigenheiten aufweist (nämlich die als metallogenetische Spezialisierung definierten Eigenheiten), die über die (gesetzmäßig) nachfolgenden Prozesse informieren. Dieser in der Realität existierende, natürlich äußerst komplizierte Zusammenhang ist die unabdingbare, theoretisch notwendige Voraussetzung für die Durchführung einer Lagerstättenprognose. Die Hauptaufgabe der endogenen Metallogenie besteht letztlich darin, diesen funktionellen Zusammenhang zu klären.

In den letzten Jahren sind Auffassungen entwickelt worden, daß bei vielen Lagerstätten die akkumulierten Elemente nicht aus einer Quelle, sondern aus zwei oder mehreren Quellen stammen (siehe BAUMANN u. a. 1969). Für einige Lagerstätten wurde die diplo- oder polygene Herkunft der Elemente nachgewiesen, für manche aus guten Gründen postuliert (BARABANOW 1966; BOYLE 1959; IWANIZKIJ u. a. 1966; LOVERING 1963; OWTSCHINNIKOW 1964; SARIDSE 1968; SEMJONOW & SMYSLOW 1967; SZÁDECZKY-KARDOSS 1965; TUGARINOW 1963; TISCHENDORF 1959). Neben der Annahme, daß bei endogenen Lagerstätten ein Großteil der Elemente sicher aszendent ist, wurde festgestellt, daß ein der Menge nach nicht unwesentlicher anderer Teil lateralsekretionären Prozessen (im weitesten Sinne des Wortes) entstammt.

Lagerstätten stellen in bezug auf die in ihnen auftretenden Elemente stofflich meist positive Anomalien dar. Das gilt ganz besonders für Hohlraumfüllungen, z. B. Gangfüllungen. Bei Lagerstätten, die auf metasomatische Art gebildet wurden, ist das Problem der Stoffanreicherung (= positive Anomalie gegenüber dem Ausgangswert) oder Stoffverarmung (= negative Anomalie gegenüber dem Ausgangswert) komplizierter. Während für die nutzbare Komponente stets eine Anreicherung (gegenüber dem Ausgangswert, d. h. dem mehr oder weniger nicht veränderten Nebengestein) auftritt, braucht dies für andere Komponenten nicht der Fall zu sein. Der Vorgang der Metasomatose setzt sich naturgemäß aus Stoffantransport und Stoffabtransport zusammen. In metasomatisch gebildeten Lagerstätten müssen folglich Stoffanreicherungen und Stoffverarmungen auftreten. Das gilt sowohl für Haupt- als auch für Spurenelemente. Bei Lagerstätten des Metasomatosetyps spielt folglich die Problematik der Herleitung der Elemente aus aszendenten oder lateralsekretionären Prozessen eine entscheidende Rolle, besonders, wenn nicht nur das Lagerstättenstockwerk selbst, sondern auch andere (darunter befindliche) Metamatosestockwerke mit in Betracht gezogen werden.

Eingang des Manuskripts in der Redaktion: 1. 4. 1969.

Tab. 1. Schematische Darstellung der funktionellen Zusammenhänge der bei einer magmatischen Lagerstättenbildung wirksamen Faktoren

	Substanz bzw. Struktur	Funktion	Metallogenetischer Faktor
Ausgangsbasis der Entwicklung (Edukt)	magmatischer Herd bzw. Intrusivgestein, Extrusivgestein, Nebengestein des magmatischen Komplexes bzw. des Erzgebietes als Ganzes	Quelle des Migrationsmediums (Lösung) und der Erzsubstanz (Erzgenerator, Erzmobilisator) Vorbedingung und Voraussetzung für die Erzbildung	regional erzkontrollierend (= Metallotekt; erzgenerierend, erzmobilisierend)
Transport- bzw. Differentiationsstadium	Migrationsmedium und Migrationsraum, tektonische Strukturen regionaler Ordnung	Heranführung der Erzsubstanz (Elementmigration), Ursache für die regionale Verteilung der Vererzung	regional erzkontrollierend (erzzuführend, regional erzverteilend)
Endpunkt der Entwicklung (Produkt, Elementanreicherung, Lagerstätte)	Erzkonzentrationsraum, Ausfällungsmedium, tektonische Strukturen lokaler Ordnung	Ausfällung der Erzsubstanz (Erzkonzentrator, Erzfallen, z. B. t-, p-, Eh-, pH-Fallen), Ursache für die lokale Verteilung der Vererzung	lokal erzkontrollierend (lokal erzverteilend, erzfixierend, erzkonzentrierend)

In der nachfolgenden Studie sollen die kausalen Beziehungen zwischen Granitoiden und endogenen Zinnlagerstätten, insbesondere die der Quarz-Kassiterit-Gruppe, näher behandelt werden, wobei besonderer Wert auf die Darstellung der Problematik der Herkunft des Zinns und der Darlegung der für dessen Mobilisation notwendigen Bedingungen gelegt wird.

2. Die Problematik der Herkunft des Zinns

Endogene Zinnlagerstätten sind räumlich stets an granitoide Magmatite gebunden. Meist treten sie in Kontaktnähe auf (siehe z. B. ŠTEMPROK 1963). Lagerstätten der Quarz-Kassiterit-Gruppe sind häufig im Endokontakt, Lagerstätten der Sulfid-Kassiterit-Gruppe im Exokontakt lokalisiert. Diese räumliche Bindung zwischen Granitoiden und Zinn läßt auf eine genetische schließen.

Die mit Zinnlagerstätten verbundenen Granitoide sind metallogenetisch spezialisiert. Es handelt sich meist um postkinematische, den magmatischen Spätphasen angehörende Biotit-, z. T. Muskovit führende Granite, häufig mit stark gegliederter Morphologie, relativ angereichert mit Lithium, Fluor, manchmal Bor. Die wichtigste Besonderheit stellt zweifellos die von vielen Autoren (z. B. BARSUKOW 1957; TAUSON 1961; BEUS & SITNIN 1968; RUB 1968) festgestellte relativ hohe Zinnführung (> 15 g/t) dar, wobei diese meist auf hohe Zinngehalte des Dunkelglimmers (> 150 g/t), der gelegentlich auftretenden Hornblende (> 50 g/t), und des Titanits (> 200 g/t) sowie (manchmal) auf akzessorischen Kassiterit zurückgeführt werden kann.

Es ist bemerkenswert, daß die mit Zinnlagerstätten räumlich verbundenen Granitoide stets zinnspezialisiert sind. Für Granitoide, mit denen z. B. Wolfram-Molybdän-Lagerstätten vorkommen, kann in der Regel keine W-Mo-Spezialisierung nachgewiesen werden (BARSUKOW 1964), auch nicht eine Cu-Pb-Zn-Spezialisierung für Granitoide, in deren Nähe Kupfer-Blei-Zink-Lagerstätten auftreten (KOSYREW 1968). Dies spricht für eine enge genetische Bindung zwischen Granitoiden und Zinnlagerstätten und für eine weniger enge oder gar keine zwischen Granitoiden und Wolfram-Molybdän- bzw. Kupfer-Blei-Zink-Lagerstätten.

Endogene Zinnlagerstätten sind stets deutlich postmagmatische Bildungen (NEKRASSOW 1964; RUNDKWIST u. a. 1966; SCHUST 1968) und meist jünger als die jüngste granitoide Phase eines Intrusivkomplexes, z. T. jünger als diesem Intrusivkomplex zugehörige Gesteinsgänge. Im Endokontakt ausgebildete Lagerstätten werden durch die Prototektonik des Granits kontrolliert. Aus den angeführten Gründen ist es unausbleiblich anzunehmen, daß die Lösungen, die die Lagerstättenbildung bewirken, aus größerer Tiefe stammen, zumindest aus dem Magmenherd des betreffenden Intrusivkomplexes, vermutlich tiefer als 2—3 km unter Kontakt.

Die in Zinnlagerstätten angereicherten Elemente (Sn, häufig Si, Li, Al, F, manchmal B, S, Mo, W, Bi) könnten prinzipiell insgesamt den aus dem Magmenherd entbundenen Restlösungen entstammen, d. h. von Anfang an in ihnen enthalten sein. Bei Zutreffen dieser Vorstellung müßte jedoch postuliert werden, daß auf dem Wege zwischen Entbindungsraum der Lösungen und dem Raum der Lagerstättenbildung keinerlei (oder nur geringfügige) Austauschreaktionen zwischen Lösung und Nebengestein stattfinden. Dies ist bei den bekannten physikochemischen Bedingungen der Lösungen (hohe Temperaturen und Drücke, Anwesenheit bestimmter leichtflüchtiger und lösend wirkender Komponenten wie H_2O, HF, HCl) und der Instabilität granitoidbildender Komponenten (Plagioklas, Orthoklas, Dunkelglimmer) jedoch unwahrscheinlich. Bei Annahme metasomatischer Vorgänge — und diese haben bei der Bildung der Mehrzahl endogener Zinnlagerstätten eminente Bedeutung — sind Stoffaustauschreaktionen a priori in Rechnung zu setzen und faktisch Bedingung. Diese Stoffaustauschvorgänge erfassen in der Regel große Gesteinsvolumina (IZIKSON 1963) und müssen sowohl für Haupt- als auch für Spurenelemente angenommen werden (z. B. BEUS 1961; LJACHOWITSCH 1964; STUDENIKOVA & GLINKINA 1964; KUPRIJANOWA u. a. 1966). Da metasomatisch beeinflußte Komplexe eine bestimmte räumliche Erstreckung besitzen und die Metasomatoseprozesse zeitlich andauern, bilden sich metasomatisch unterschiedlich entwickelte Gesteinsabschnitte aus, die zonal angeordnet sein können (KORSHINSKIJ 1962; BEUS & SOBOLEW 1964; KUPRIJANOWA u. a. 1966; LARIN 1967). Im Prinzip entsprechen diese Gesteinsabschnitte Auslaugungs- und Anreicherungsstockwerken. Diese brauchen für die einzelnen Elemente und Verbindungen nicht ident zu sein, sondern können sich überlappen.

Die Kenntnis der konkreten Lage der einzelnen Metasomatosezonen (Zone der Frühmikroklinisierung, Frühalbitisierung, Vergreisung, Spätalbitisierung, Spätmikroklinisierung) im Untersuchungsgebiet erlaubt eine Prognose über die Lagerstättenperspektivität.

Die Bildung von Zonen, in denen Zinn angereichert worden ist, impliziert die Existenz von Zonen, aus denen Zinn ausgelaugt wurde, d. h. hier nur noch in Gehalten unter dem regionalen CLARKE vorhanden ist. Die Existenz derartiger Zonen bzw. Gebiete ist beschrieben worden, z. B. von BARSUKOW (1967), LARIN (1967) und NEDASCHKOWSKIJ & NARNOW (1968). Im Greisengebiet des Westerzgebirges existieren gleichfalls solche Zonen. Dort treten Quarzgreisen mit Zinngehalten unter 20 g/t, bei einem regionalen Granit-CLARKE von 27 g/t, auf. Diese Zonen werden als unterstes Metasomatosestockwerk und faktisch als Nährgebiet für darüberliegende bzw. darübergelegene zinnangereicherte Stockwerke angesehen.

3. Die Problematik der Mobilisation und Migration des Zinns

Nach dem vorstehend Dargelegten ist es offenbar gerechtfertigt, den Granit selbst, und zwar den verfestigten Granit, als potentielle Quelle des Zinns zur Bildung von Zinnlagerstätten anzusehen. Hauptzinnträger im Granit sind die Dunkelglimmer. In diesen sind 50—80, manchmal bis 100% des Zinns im Granit konzentriert (BARSUKOW 1957; GRIGORJEW & DOLOMANOWA 1964; NEDASCHKOWSKIJ & NARNOW 1968; TISCHENDORF 1970). Andere, nur sporadisch auftretende Zinnträger, wie Titanit und Kassiterit, können hier außer acht gelassen werden, da sie als Quelle für Zinn bei Mobilisationsprozessen aus verschiedenen Gründen nur untergeordnete Bedeutung haben. Die außerordentliche Rolle des Dunkelglimmers als Elementquelle für Vererzungen, vor allem für zinnführende, wurde schon lange vermutet (SANDBERGER 1878; SCHRÖDER 1884). In der jüngsten Vergangenheit ist die Bedeutung des Dunkelglimmers als Zinnquelle insbesondere von BARSUKOW (1957, 1966, 1967) hervorgehoben worden, wurde aber auch von anderen Autoren (NEKRASSOW 1964; HOSKING 1965) angenommen. Die Mobilisierung des Zinns (und anderer Elemente, z. B. Lithiums; siehe BEUS 1961) aus den Dunkelglimmern erfolgt bei deren Serizitisierung (Muskovitisierung) bzw. Chloritisierung. Ob Serizitisierung oder Chloritisierung auftreten, hängt wahrscheinlich wesentlich vom Chemismus (insbesondere vom Mg-Gehalt) des präexistenten Dunkelglimmers ab (TISCHENDORF u. a. 1969).

BARSUKOW (1967) gibt an, daß aus Biotiten, die primär 200—300 g Sn/t enthielten, bei metasomatischen Vorgängen Muskovite mit 20—30 g Sn/t entstanden sind. Die Gehaltsdifferenz stehe faktisch für Zinnanreicherungen an anderen Orten zur Verfügung. Die Frage, ob und in welchem Maße die Dunkelglimmer in Granitoiden als Quelle für Zinn (und für andere Elemente, insbesondere Lithium und Fluor) bei der Bildung von Zinnlagerstätten in Frage kommen, wurde vom Autor im Bereich des Zinnrevieres Gottesberg—Mühlleiten (Westerzgebirgischer Teilpluton) speziell untersucht. Im folgenden werden die Ergebnisse über das Verhalten der Elemente Zinn, Lithium und Fluor bei der Serizitisierung des Dunkelglimmers dargelegt.

Die Dunkelglimmer (lithiumführende Siderophyllite, Protolithionite) der Ausgangssubstanz (Granit vom Typ Eibenstock; Hauptintrusivphase des unterpermischen Intrusivkomplexes) sind ausgesprochen zinn-lithium-fluor-spezialisiert. Die mittleren Gehalte liegen für Zinn bei 370 ± 89 g/t (160 Analysen), für Li_2O bei 1,06 ± 0,27% (160 Analysen) und für Fluor bei 3,2 ± 0,68% (15 Analysen) (TISCHENDORF u. a. 1969). Im Verhältnis zum Granit sind im Dunkelglimmer 60% des Zinns, 59% des Li_2O und 41% des Fluors angereichert. Daß Dunkelglimmer neben Zinn insbesondere auch Lithium und Fluor anzureichern pflegen, ist bekannt (z. B. GINSBURG 1958; KOSTEZKAJA & MORDWINOWA 1968). Die Korrelationskoeffizienten der Gehalte dieser Elemente in den Dunkelglimmern der westerzgebirgisch-vogtländischen Granite (75 Proben) betragen:

$$r_{Sn/Li} = +0{,}74, \quad r_{Sn/F} = +0{,}87, \quad r_{F/Li} = +0{,}92.$$

Durch postmagmatische, mit der Bildung von Zinnlagerstätten in Verbindung stehende Prozesse erfolgt eine Umwandlung des Dunkelglimmers in feinkörnigen Muskovit (Serizit) vom 2M-Typ. Gelegentlich sind Übergänge zum 1M-Typ zu beobachten. Das Umwandlungsprodukt besteht überwiegend aus Serizit und weniger aus Quarz, denen in unterschiedlichem Maße wenig Hämatit oder Pyrit, Titanzersatzprodukte, Kaolinit, in Ausnahmefällen auch Karbonate und Fluorit beigemengt sind. Es kann nicht exakt entschieden werden, welche Substanzen beim eigentlichen Dunkelglimmerumwandlungsprozeß von den genannten gebildet wurden und welche später im Verlauf der weiteren Entwicklung.

Zur Klärung der Art und der Höhe der Elementverschiebungen wurden 14 (für Fluor 8) metasomatisch beeinflußte Granitproben untersucht, und zwar jeweils die Gehalte an Zinn, Lithium und Fluor noch vorhandener Dunkelglimmer und bereits entstandener Serizite. Hierbei muß bemerkt werden, daß einerseits in die Dunkelglimmerkonzentrate bereits geringfügig serizitisierte Substanzen gelangten, wie andererseits in den Serizitkonzentraten noch Dunkelglimmerreste vorhanden waren. Diese beiderseitigen Verunreinigungen bewirken aber, daß es sich bei den ermittelten Elementdifferenzen um Minimalwerte handelt. Die Ergebnisse der Untersuchungen zeigt Abb. 1. Daraus folgt:

1. In allen untersuchten Fällen führen die Serizitkonzentrate niedrigere Gehalte als die Dunkelglimmerkonzentrate. Bei der Serizitisierung werden also stets Zinn, Lithium und Fluor freigesetzt.

2. Die Zinn-Lithium-Fluor-Gehalte der Dunkelglimmer schwanken in einem bestimmten Intervall, das (vor allem für Li_2O und Fluor) bei geringeren Werten liegt als der regionale CLARKE ± Streuung (RC ± s). Darin kommt zum Ausdruck, daß es sich bei den Dunkelglimmerkonzentraten schon um geringfügig serizitisierte Substanzen handelt.

3. Die Elementgehalte aller Serizite liegen jeweils im selben Bereich: bei Zinn um 180 g/t, bei Li_2O um 0,2%, bei Fluor etwa um 1,6%. Die Elementabfuhr erfolgte demgemäß bis zu einem bestimmten Gehaltsniveau, offenbar als Ausdruck etwa konstanter Umwandlungsbedingungen.

4. Aus den Punkten 2. und 3. resultiert, daß bei hohen Elementgehalten im Dunkelglimmer relativ große Mengen dieses Elements freigesetzt werden, bei niedrigen Gehalten relativ geringe. Für das Untersuchungsgebiet kann damit gerechnet werden, daß pro Tonne umgewandelten Dunkelglimmers (unter Beachtung des Vorhergesagten: mindestens) ca. 150 g Sn, 3000 g Li_2O und 8600 g F frei werden

und für nachfolgende (eventuell lagerstättenbildende) Prozesse zur Verfügung stehen. Unter Zugrundelegung eines Dunkelglimmergehalts im Granit von 4,35 Gew.-% (HERRMANN 1967) werden — wenn nur der Zinngehalt der Dunkelglimmersubstanz in Rechnung gesetzt wird — pro Tonne umgewandelten Granits (mindestens) 6,5 g Sn, 130 g Li_2O sowie 350 g F frei.[1]) In Wirklichkeit erhöhen sich diese Werte (besonders für Zinn und Lithium), da bestimmte Mengen dieser Elemente z. B. auch in den Feldspäten eingebaut sind und bei deren metasomatischer Umwandlung gleichfalls in Lösung gehen.

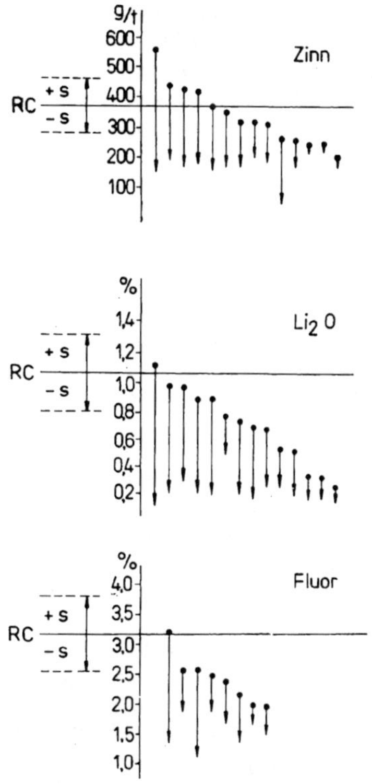

Abb. 1. Die Zinn-, Li_2O- und Fluorgehalte in den Dunkelglimmern (ausgefüllter Kreis der Vektoren) und in den daraus bei metasomatischer Umwandlung entstandenen Seriziten (Pfeilspitze) von metasomatisch beeinflußten Granitproben aus dem Zinnlagerstättenrevier Gottesberg—Mühlleithen. Die Proben sind nach abnehmenden Gehalten in der Dunkelglimmersubstanz geordnet. RC ± s bedeuten „regionaler CLARKE ± Streuung" der entsprechenden Elemente, in der Dunkelglimmerphase des Granittyps Eibenstock (= Hauptintrusivphase des unterpermischen Intrusivkomplexes).

Das Inlösunggehen von Zinn (Lithium und Fluor) bei der Serizitisierung von Dunkelglimmersubstanz kann nach BARSUKOW (1967) und den hier vorgelegten Ergebnissen als Fakt angesehen werden. Im westerzgebirgischen Zinnlagerstättenrevier wurde die Beobachtung gemacht, daß die Elementauslaugungsquote (Dunkelglimmer — Hellglimmer) nicht überall gleich, sondern stockwerksgebunden ist. Im Lagerstättenstockwerk (Randgebiet) wurden Serizite gebildet, deren durchschnittlicher Zinngehalt bei 280 g/t liegt. Hier kann also nur mit einer Auslaugungsquote von ca. 90 g/t Dunkelglimmer gerechnet werden. Die Stockwerksgebundenheit der Auslaugung ist völlig plausibel, da angenommen werden kann, daß wegen der stärkeren Untersättigung der Lösungen in tieferen Horizonten eine intensivere Auslaugung hervorgerufen wird als im Lagerstättenstockwerk, in dem eine Sättigung bzw. Übersättigung der Lösungen vorausgesetzt werden kann. Fallen Gebiete mit einer starken Zinnauslaugung aus dem Dunkelglimmer (≙ geringe Zinngehalte im Serizit) mit Gebieten äußerst geringen Zinngehalts im Metasomatit (Quarz- bzw. Quarz-Serizit-Greisen) zusammen, so handelt es sich ganz sicher um ein unteres Metasomatosestockwerk, das für das Auffinden neuer Zinnanreicherungen perspektivlos ist.

Ein für die Genese von Zinnlagerstätten wichtiges Problem ist die zeitliche Einstufung der Serizitisierung (bzw. in anderen Fällen: Chloritisierung) der Dunkelglimmer. Sie muß natürlich — soll sie für die Konzentrierung von Zinn Bedeutung haben — vor der Vererzungsetappe liegen.

Nach BEUS (1961), BEUS & SOBOLEW (1964), STUDENIKOWA & GLINKINA (1964) kann mit einer Auslaugung von Spurenmetallen vor allem während der Stadien der Frühmikroklinisierung, Frühalbitisierung und Silifizierung gerechnet werden, die durch fallenden pH (von 9 ... 4) charakterisiert sind. Die Serizitisierung beginnt wahrscheinlich im Stadium der Frühmikroklinisierung (Frühmuskovitisierung), erfolgt aber auch in den weiteren Stadien. Nach VELDE (1966) kann damit gerechnet werden, daß die Bildung von Muskovit unter 600 °C bei praktisch allen Druckbedingungen möglich ist. HEMLEY (1959) wies nach, daß die Stabilitätsgrenze des Muskovits (gegenüber Orthoklas) um so weiter in Richtung höherer Temperaturen verschoben wird, je saurer die Lösung ist.

Für die Intensität der metasomatischen Prozesse ist die Anwesenheit säurebildender Elemente (wie F^-, Cl^-, BO_3^{3-}) von Bedeutung. Bei der Bildung von Zinnlagerstätten spielt Fluor sicherlich die Hauptrolle. SUSTSCHEWSKAJA u. a. (1966) haben in Gas-Flüssigkeits-Einschlüssen von Erzbildungen aus dem Zinnrevier Komsomolsk Fluorgehalte im Intervall von 0,2—1,5 g/l festgestellt. BARSUKOW (1967) berichtet von Versuchen, die gezeigt haben, daß F-haltige Lösungen (0,2—1,5 g F/l) bei der Albitisierung und Muskovitisierung von Granitsubstanz (Versuchsbedingungen: $t = 500\,°C$, $p = 350$ atü) 30—60% des Zinns extrahiert haben. Ein Inlösunggehen von Zinn wurde im Gegensatz dazu nicht erreicht, wenn Cl^--, HCO_3^-- oder BO_3^{3-}-haltige Lösungen (bis pH 10) in Anwendung gebracht wurden. Wie BARSUKOW & KURILTSCHIKOWA (1966) nachgewiesen haben, ist die Löslichkeit des Zinns eine Funktion der Fluoraktivität der Lösung. Diese Ergebnisse stehen in völliger Übereinstimmung mit der Vorstellung, daß im Stadium der sauren Auslaugung (pH 4—6) bei maximalem Fluorgehalt die Zinnmobilisation aus dem granitoiden Gestein und damit der Zinngehalt in der Lösung maximale Werte annehmen. Nach BARSUKOW und anderen Autoren ist wahrscheinlich, daß Zinn in den Lösungen als Fluoro-Hydroxo-Stannat-IV-Komplex $[Sn(OH)_xF_{6-x}]^{2-}$ auftritt. Die Anwesenheit des Fluors als aktives Metasomatoseagens hat nicht nur für die Mobilisation von Zinn Bedeutung, sondern auch für andere Elemente, wie STSCHERBA u. a. (1966) mitteilen, z. B. für Germanium.

Wie die BARSUKOWschen Versuche gezeigt haben, ist die Anwesenheit von Fluor in den Lösungen für eine

[1]) BEUS (1961) gibt für einen Fall aus Osttransbaikalien an, daß bei der Muskovitisierung pro m³ Granit 400 g Li (= 345 g Li_2O/t) mobilisiert werden.

Mobilisation von Zinn offensichtlich unabdingbar. Somit wird wichtig, Indizien zu finden, die auf den Grad der Fluorkonzentration in granitischen Restlösungen hinweisen. Da die Restlösungen selbst einer Untersuchung nicht zugänglich sind, müssen die geochemischen Eigenheiten des zugehörigen Granits auf eine diesbezügliche Aussage hin analysiert und angenommen werden, daß sich diese geochemischen Eigenheiten in gewissem Maße auf die Restlösungen vererben. Solche Indizien können sein:

1. der Grad der regionalen Fluorspezialisierung des Granitoidkomplexes (= Verhältnis des F-Gehalts der Hauptintrusivphase eines granitischen Intrusivkomplexes zum planetaren Granit-CLARKE des Fluors),

2. der Grad der temporalen Fluorspezialisierung des Granitoidkomplexes (siehe TISCHENDORF 1970) (= Verhältnis des F-Gehaltes der zweiten zusätzlichen Intrusion eines Intrusivkomplexes zum F-Gehalt der Hauptintrusivphase),

3. (in Verbindung mit 1. und 2.) der F-Gehalt der Dunkel- und Hellglimmer, der Gehalt an magmatisch gebildetem Topas u. a. Fluor führenden Mineralen in den einzelnen granitischen Phasen sowie

4. die Altersfolge der Minerale der Hauptkristallisation. Nach v. PLATEN (1965) ist die Kristallisationsfolge magmatisch gebildeter Minerale von der Zusammensetzung der leichtflüchtigen Phase abhängig. Kristallisationsversuche mit Lösungen von 0,5 m HF bzw. 0,5 m HCl haben gezeigt, daß nicht Biotit als erstes gesteinsbildendes Mineral auskristallisiert, sondern Quarz.

Erhöhte Fluor-Chlor-Gehalte in der Restlösung werden also durch eine anomale Kristallisationsfolge angezeigt. Zu hohe HCl- (oder HF-)Gehalte (bei v. PLATEN > 2,5 Gew.-% HCl) in den Restlösungen bewirken, daß gar kein Biotit, sondern Mullit sowie Chloride und Fluoride gebildet werden.[2])

4. Die Problematik der Wiederausfällung des Zinns (Lagerstättenbildung)

Die Wiederausfällung des Zinns aus den die Metasomatose bewirkenden Lösungen, d. h. die Zinnlagerstättenbildung, hat mit dem Granit selbst nur insofern zu tun, als erklärt werden muß, aus welchem Grund Zinnanreicherungen in der Regel in Kontaktnähe (±1—2 km) lokalisiert sind. Es können zwei Ursachen genannt werden:

1. Vorausgesetzt, daß die dem Herd des betreffenden Intrusivkomplexes entstammenden Lösungen in einer bestimmten Teufe unter Kontakt (eventuell 3—5 km) entbunden werden, stellt möglicherweise der Bereich, in dem Zinnlagerstätten auftreten (± 1—2 km Kontaktentfernung), für die physikochemischen Bedingungen der Lagerstättenbildung den günstigsten (und wahrscheinlich den einzig möglichen) Bereich dar.

2. Da die Ausfällung von SnO_2 insbesondere von pH- und Druckänderungen abhängt, muß der Kontaktbereich wegen häufigeren Gesteinswechsels (sowohl Granit/Nebengestein als auch Granitphasen und Varietäten untereinander) und der damit verbundenen tektonischen Auflockerungen für eine Lagerstättenbildung besonders prädestiniert sein.

Über die Bedingungen, die für eine Ausfällung des Zinns vorauszusetzen sind, und insbesondere über die aktive Rolle des Fluors dabei, hat Verf. (1968, S. 398 bis 401) berichtet. Dies soll nicht wiederholt werden. Hier sei nur noch einmal betont, daß — wie bei der Mobilisation — auch bei der Präzipitation des Zinns das Element Fluor die Hauptrolle spielt, so daß für das Verständnis der geochemischen Prozesse bei der Bildung von Zinnanreicherungen die Kenntnis der Verteilung und des Verhaltens des Fluors unbedingte Voraussetzung sein muß. Wie BARSUKOW & WOLOSSOW (1967) gezeigt haben, kann die F-Verteilung im Gestein neben und über Zinnanreicherungen auch als direktes Kriterium für den potentiellen Zinnvorrat gebraucht werden.

5. Die geochemischen Besonderheiten des westerzgebirgisch—vogtländischen Zinnlagerstättenbezirkes

5.1. Die Granite

Im Westerzgebirge—Vogtland treten zwei granitoide Intrusivkomplexe auf, ein oberkarbonischer (Gebirgsgranite) und ein unterpermischer (Erzgebirgsgranite). An den letzteren sind Zinnlagerstätten gebunden, an den ersteren nicht. Die genetische Bindung zwischen den Graniten des unterpermischen Intrusivkomplexes und den Zinnlagerstätten wird durch eine extreme (sowohl regionale als auch temporale) Zinn-Lithium-Fluor-Spezialisierung der Erzgebirgsgranite angezeigt (BRÄUER 1967; TISCHENDORF 1970). Die Gebirgsgranite sind im Gegensatz dazu nicht zinn-lithium-fluor-spezialisiert (Tab. 2). Bezüglich der Elemente Bor, Molybdän, Beryllium, Gallium, Kupfer und Nickel sind die Granite beider Intrusivkomplexe nicht spezialisiert (TISCHENDORF 1970).

Die Zinn-Lithium-Fluor-Spezialisierung bzw. Nichtspezialisierung wird weiterhin durch entsprechend hohe oder niedrige Gehalte in den Dunkelglimmern angezeigt (TISCHENDORF u. a. 1969) (Tab. 3). Schließlich sind die Gehalte des magmatisch gebildeten, akzessorischen Topases für die beiden Intrusivkomplexe spezifisch. HERRMANN (1967) gibt für die drei Phasen der Erzgebirgsgranite 1,00, 1,73, 3,28% Topas an, für die drei der Gebirgsgranite aber —, —, 0,03%!

Auch in der Menge und der Altersfolge der gesteinsbildenden Minerale existieren zwischen den beiden Intrusivkomplexen deutliche Unterschiede. So stellte HERRMANN (1967) fest, daß der Quarzgehalt in den Phasen der Gebirgsgranite (normal) zunimmt; in den Phasen der Erzgebirgsgranite ist jedoch eine Abnahme zu beobachten. Das Plagioklas:Orthoklas-Verhältnis entwickelt

Tab. 2. Die Zinn-, Lithium- und Fluorgehalte in den einzelnen Phasen der westerzgebirgisch—vogtländischen Granite

Granitgruppe bzw. -phase	Gehalte (g/t)		
	Sn	Li_2O	F
Unterpermischer Intrusivkomplex (Erzgebirgsgranite)			
Zweite zusätzliche Intrusion	32	1058	7280
Erste zusätzliche Intrusion	37	935	5590
Hauptintrusivphase	27	787	3390
Oberkarbonischer Intrusivkomplex (Gebirgsgranite)			
Zweite zusätzliche Intrusion	10	157	390
Erste zusätzliche Intrusion	16	217	650
Hauptintrusivphase	14	236	840

[2]) Einen für unsere Vorstellungen wichtigen Gedanken äußert v. PLATEN (1965, S. 361), wenn er aus der Sicht seiner experimentellen Ergebnisse folgert: „Es wäre denkbar, daß dann (bei der Bildung von Restlösungen, Td) die HCl- und HF-Konzentrationen stärker ansteigen, so daß z. B. Biotit angegriffen werden könnte. Dabei würden sich Alkali- und Schwermetall-Chloride (und -Fluoride, Td) bilden. Auf diese Weise könnte es zu einer Anreicherung dieser Ionen in einer wäßrigen Lösung kommen, was für die Lagerstätten-, Dolomit- und Skarnbildung und für die Metasomatose allgemein von Bedeutung sein kann."

sich gleichfalls gegensätzlich: In den Gebirgsgraniten nimmt es ab, in den Erzgebirgsgraniten hingegen zu.

Wichtig ist die Feststellung, daß in den Erzgebirgsgraniten in der Regel nicht Biotit als Erstausscheidung auftritt, sondern Quarz. Diese Erscheinung beschreiben auch ZOUBEK u. a. (1963) für den tschechischen Anteil des Westerzgebirgischen Teilplutons und PÄLCHEN (1968) für das Osterzgebirge. Die genannten Besonderheiten sind im Sinne v. PLATENs (1965) zu werten und als Folge eines relativ hohen Anteils leichtflüchtiger Komponenten im Magma des unterpermischen Intrusivkomplexes anzusehen.

Das Element Bor hat für die Bildung von Zinnlagerstätten im Bereich des Westerzgebirgischen Teilplutons offenbar keine Bedeutung. Die Borgehalte nehmen sowohl in den Phasen der Erzgebirgsgranite (40, 37, 31 g/t) als auch in denen der Gebirgsgranite ab (18, 16, 8 g/t). Auch in den Greisenlagerstätten (Gottesberg — Mühlleithen) ist zwischen der Kassiterit- und der Turmalinführung als den wichtigsten Zinn- und Borträgern kein kausaler Zusammenhang zu erkennen.

Sowohl die Zinngehalte in den Graniten des oberkarbonischen Intrusivkomplexes als auch die Zinngehalte in den Dunkelglimmern dieser Granite sind — absolut gesehen — so hoch, daß sie (in anderen metallogenetischen Einheiten) als Indikatoren für eine Zinnlagerstättenbildung angesprochen würden. Die potentielle Möglichkeit zur Bildung von Zinnlagerstätten war — was Zinn anbetrifft — offensichtlich vorhanden. Die Ursache für das Nichtzustandekommen von Zinnanreicherungen muß in der mangelnden Fluoraktivität der Restlösungen gesehen werden. Der Fluormangel des oberkarbonischen Intrusivkomplexes kommt besonders darin zum Ausdruck, daß die Fluorgehalte der Hauptintrusivphase nur im CLARKE-Bereich liegen und die der ersten und zweiten zusätzlichen Intrusionen z. T. erheblich darunter (siehe Tab. 2). Ein weiteres Anzeichen für den Fluormangel des gebirgsgranitischen Magmas ist die Tatsache, daß in den mit einer Wolframmineralisation (Pechtelsgrün) in Verbindung stehenden Greisenbildungen keinerlei Topas auftritt (HERRMANN 1967).

5.2. Die Zinnlagerstätten

Die im Westerzgebirge—Vogtland auftretenden Zinnlagerstätten und -vorkommen, meist Greisenkörper, -stöcke, -zonen und -trümer, gehören überwiegend zur Quarz-Kassiterit-Gruppe. Hauptbestandteile der Mineralisation sind Quarz, Serizit, Topas sowie Kassiterit. Relativ häufig kommen auch Sulfide (Pyrit, Arsenopyrit) vor. Als wesentliche geochemische Besonderheit der im Revier Gottesberg—Mühlleiten lokalisierten Greisen muß der außerordentlich niedrige Lithiumgehalt (im Mittel 300 g Li_2O/t) vermerkt werden. Gegenüber dem Ausgangsgestein der Metasomatose (Granit vom Typ Eibenstock), das durchschnittlich 787 ± 175 g Li_2O/t enthält, stellen die Greisenbildungen im obengenannten Gebiet kräftige negative Lithiumanomalien dar. Diese Erscheinung korrespondiert mit der Tatsache, daß in der Greisenparagenese Glimmer auftreten (Muskovit, Serizit), die gleichfalls niedrige Lithiumgehalte ($<0,3\%$ Li_2O) aufweisen. Diese in bezug auf die Lithiumverteilung ungewöhnliche Position steht im Gegensatz zu den Verhältnissen in anderen erzgebirgischen Zinnrevieren (z. B. Altenberg, Sadisdorf, Krupka, Ehrenfriedersdorf, Krasno), in denen die Lagerstätten positive Lithiumanomalien bilden und lithiumreiche Glimmer, wie Protolithionit und Zinnwaldit, in der Greisenparagenese stabil sind (ŠTEMPROK 1961, 1965; GOTTESMANN 1962; FIALA & PÁCAL 1965; HOFFMANN & TRDLIČKA 1966; JANEČKA 1967; DAHM u. a. 1968). An diese hinsichtlich Lithium außerordentliche Stellung der Greisenlagerstätten und -varietäten bei Gottesberg—Mühlleiten haben bereits KOCH & TEUSCHER (1951) sowie KAEMMEL (1961) und KRAFT (1962) beiläufig aufmerksam gemacht. Verf. ist der Überzeugung, daß diese unterschiedliche Verteilung des Lithiums auf die unterschiedliche geologische Position der Zinnlagerstätten (im Verhältnis zur Lage im jeweiligen Granitmassiv) zurückzuführen ist und als Folge der Ausbildung von Elementauslaugungs- und -anreicherungsstockwerken im Verlaufe der postmagmatisch-metasomatischen Prozesse angesehen werden kann. Während die eine positive Lithiumanomalie darstellenden Lagerstätten (Altenberg, Sadisdorf u. a.) ausschließlich in den apikalen Teilen des betreffenden granitischen Teilplutons (Nomenklatur im Sinne von TISCHENDORF u. a. 1965) auftreten, liegen die durch eine negative Lithiumanomalie charakterisierten (Gottesberg, Mühlleiten) innerhalb des betreffenden Teilplutons, mindestens 200—300 m unter dem Plutondach.

Tab. 3. Die Zinn-, Lithium- und Fluorgehalte in den Dunkelglimmern der einzelnen Phasen der westerzgebirgisch—vogtländischen Granite

Granitgruppe bzw. -phase	Gehalte		
	Sn(g/t)	Li_2O(%)	F(%)
Unterpermischer Intrusivkomplex (Erzgebirgsgranite)			
Zweite zusätzliche Intrusion	421	1,88	4,89
Erste zusätzliche Intrusion	367	1,64	4,00
Hauptintrusivphase	370	1,06	3,17
Oberkarbonischer Intrusivkomplex (Gebirgsgranite)			
Zweite zusätzliche Intrusion	258	0,42	~1,4
Erste zusätzliche Intrusion	252	0,36	1,42
Hauptintrusivphase	176	0,23	1,05

Die vertikale Differenz der Orte der Lagerstättenbildung kann schätzungsweise 800—1200 m betragen. Diese Höhendifferenz ist die reale Ursache für die unterschiedliche Lithiumverteilung. Die Lagerstätten Gottesberg und Mühlleiten befinden sich in einem relativ tiefen Metasomatosestockwerk, in dem bezüglich Lithium Auslaugung vorherrscht; die Lagerstätten Altenberg, Sadisdorf u. a. sind in einem höheren Metasomatosestockwerk lokalisiert, in dem bezüglich Lithium Anreicherung vorherrscht.

Auf ein völlig analoges Verhalten des Lithiums in postmagmatischen Prozessen hat, wahrscheinlich erstmalig, BEUS (1961) hingewiesen. In dem von ihm untersuchten Fall aus Osttransbaikalien führt der normale Biotitgranit 120 g Li/t, der (in den Prägreisenetappen) muskovitisierte 20 bis 40 g Li/t und die im Verlaufe späterer Metasomatoseetappen gebildeten Greisen 240—300 g Li/t. Nach BEUS entstammt das in Greisen angereicherte Lithium völlig dem muskovitisierten Granit.

Wie Lithium zeigt auch die Zinnverteilung in den genannten Lagerstättenrevieren gewisse Unterschiede, die im gleichen Sinne wie die Lithiumverteilung interpretiert werden können. Während bei den im tieferen Metasomatosestockwerk liegenden Lagerstätten (Gottesberg, Mühlleithen) nur 20—50 m mächtige Zinnaureolen in der Lagerstättenperipherie ausgebildet sind (WASTERNACK 1969), verfügen die im oberen Stockwerk lokalisierten über mächtige, in Altenberg z. B. über 300 m (DAHM u. a. 1968).

Wie die Situation im Westerzgebirge zeigt, sind Auslaugungs- und Anreicherungsstockwerk für Lithium und Zinn nicht identisch. Im Verhältnis zu Lithium liegt das Zinnauslaugungsstockwerk tiefer. Auslaugungs- und Anreicherungsstockwerke dürfen nicht als regionale, plattenförmige Gebilde mit großer horizontaler Erstreckung gedacht werden; sie sind als lokal begrenzte Gesteinsabschnitte zu verstehen, die an erzzuführende, in vertikaler Richtung ausgedehnte Strukturen gebunden sind. Insofern gelten die in einem Greisengebiet gefundenen geochemischen Beziehungen nicht a priori für den gesamten Teilpluton, sondern nur für die betreffende geologische Struktur. Das am Ostkontakt des Westerzgebirgischen Teilplutons auftretende Greisenvorkommen am Rabenberg bei Johanngeorgenstadt (siehe ILLING 1968) zeigt z. B. in bezug auf Lithium und damit in bezug auf das angeschnittene Metasomatosestockwerk eine andere Position als Gottesberg—Mühlleithen.

Diese durch die Verteilung der mit Zinnlagerstätten genetisch verbundenen Elemente deutlich gemachte Erscheinung hat außerordentliche Bedeutung für die Strategie von Prognosearbeiten (siehe hierzu auch SCHUST 1968). Zinnlagerstättenhöffig sind somit nicht der gesamte Endo- und Exokontakt geochemisch entsprechend spezialisierter Granitoidkomplexe schlechthin, sondern nur jener Teil, in dem geologische Strukturen mit relativ großer vertikaler Erstreckung (= erzzuführende Strukturen) auftreten. Diese Strukturen sind häufig auch noch in größerer Entfernung vom Kontakt mineralisiert, z. B. mit Buntmetallsulfiden. Die Verbreitung alter Bergbaugebiete (auch des oft wenig intensiven mittelalterlichen Bergbaus) kann somit die Lage erzzuführender Strukturen anzeigen und muß insofern

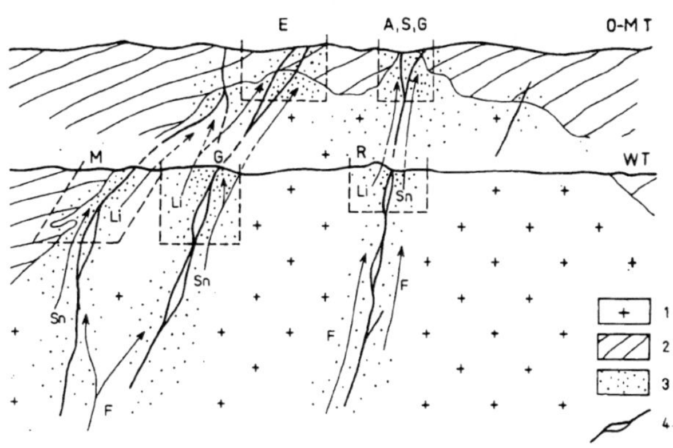

Abb. 2. Schematische Darstellung der geologischen und geochemischen Position einiger endogenen Zinnlagerstätten im Erzgebirge

Es bedeuten: O-M T — Anschnittsniveau des Ost- und des Mittelerzgebirgischen Teilplutons; W T — Anschnittsniveau des Westerzgebirgischen Teilplutons

E — Ehrenfriedersdorf, A — Altenberg, S — Sadisdorf, G — Geyer, M — Mühlleithen (Grube „Tannenberg"), G — Gottesberg, R — Rammelsberg bei Klingenthal;

1 — Granit, 2 — Nebengestein, 3 — Metasomatit, 4 — erzzuführende und erzverteilende Strukturen

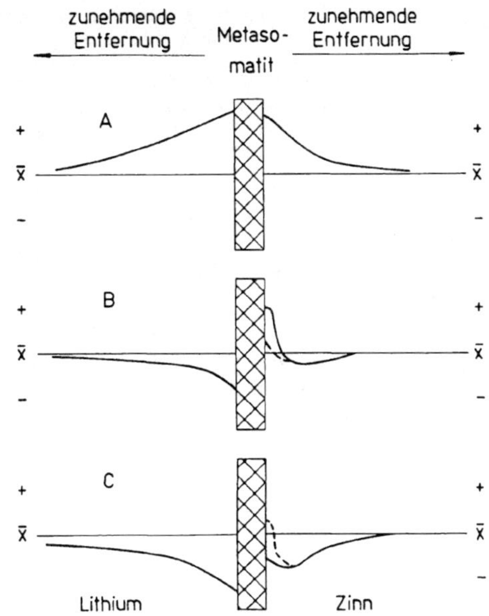

Abb. 3. Schematische Darstellung der Lithium- und Zinnverteilung in Greisenmetasomatiten und deren Nebengestein in Abhängigkeit vom Metasomatosestockwerk (A = oberes, B = mittleres, C = unteres Metasomatosestockwerk)

als ein äußerst wichtiges Indiz zur Prognostizierung endogener Zinnlagerstätten betrachtet werden.

In Abb. 2 wird der Versuch unternommen, schematisch die Unterschiede der geologischen Position der erzgebirgischen Zinnlagerstätten unter Berücksichtigung ihrer Bindung an vertikal ausgedehnte, erzzuführende Strukturen darzustellen. Die geologischen Unterschiede sind ihrerseits Ursache für die geochemischen. Ihre Kenntnis hat selbstverständlich Auswirkungen auf die Prognose und auf die Methodik der Suche. Ausgehend vom Vorstehenden und in Verbindung mit den Kenntnissen über die Lithium- und Zinnverteilung im Metasomatit und in dessen Umgebung (Aureole) können schematisch drei Lagerstättentypen, die drei Metasomatosestockwerken entsprechen, ausgehalten werden (Abb. 3).

Typ A repräsentiert lagerstättengeologisch das obere Stockwerk. Im Metasomatit und in der Aureole treten sowohl bei Zinn als auch bei Lithium über dem regionalen CLARKE liegende Gehalte auf, Metasomatit und Aureole gehören in bezug auf Zinn und Lithium zum Anreicherungsstockwerk. Die Lithiumaureole ist breiter als die Zinnaureole. Dieser Typ entspricht den lagerstättengeologischen Verhältnissen von Altenberg, Sadisdorf, Geyer und Ehrenfriedersdorf.

Typ B repräsentiert lagerstättengeologisch das mittlere Stockwerk. Im Metasomatit treten erhöhte Zinngehalte auf. Diese fallen im Nebengestein aber relativ plötzlich auf normale CLARKE-Werte und darunter ab. Im Metasomatit treten gegenüber dem regionalen CLARKE erniedrigte Lithiumgehalte auf. Diese steigen mit zunehmender Entfernung vom Metasomatit auf normale CLARKE-Höhe. In bezug auf Zinn gehört der Metasomatit zum Anreicherungsstockwerk, die Aureole in geringerem Maße. In bezug auf Lithium gehören Metasomatit und Aureole zum Auslaugungsstockwerk. Dieser Typ entspricht den lagerstättengeologischen Verhältnissen von Mühlleithen und Gottesberg.

Typ C repräsentiert lagerstättengeologisch das untere Stockwerk. Im Metasomatit können noch schwach über den regionalen CLARKE erhöhte Zinngehalte vorliegen, meist sind sie geringer. Auch die Aureole führt erniedrigte Zinngehalte. Die Lithiumverteilung im Metasomatit entspricht dem Typ B; die absoluten Gehalte sind noch niedriger. Metasomatit und Aureole gehören in bezug auf Zinn und Lithium zum Auslaugungsstockwerk. Dieser Typ entspricht den geochemisch-faziellen Verhältnissen bestimmter Quarzgreisenvorkommen im Gebiet Gottesberg, z. B. am Rammelsberg nordwestlich Klingenthal.

Die Verteilung des Lithiums und des Zinns im Greisen, vergreisten Granit und im Granit sowie in den in diesen Gesteinen stabilen Hell- und Dunkelglimmerphasen sind somit echte Kriterien für die Lagerstättenperspektive des Gebietes, da sie Indikatoren für das aufgeschlossene Metasomatosestockwerk darstellen. Diese auf das Verhalten von Spurenelementen zurückzuführenden Prognosekriterien müssen mit petrographisch-greisenfaziellen kombiniert werden.

6. Vorstellungen über ein Modell zur Bildung endogener Zinnlagerstätten

Systemdenken und Modellvorstellungen, abgeleitet aus der Realität, sind die Basis für das Erkennen der wesentlichen Zusammenhänge zwischen Erscheinungen mit kausalen Beziehungen. Das auf einer bestimmte Stufe der Erfahrung beruhende Modell muß in der Praxis wiederum geprüft, verworfen oder, wenn es bestätigt wird, verfeinert weiterentwickelt werden. Es bildet die Grundlage neuer Taktiken und Strategien zur Beherrschung der Materie. Modelle solcher Art sind nicht Selbstzweck, sie müssen dem besseren Verständnis der realen Zusammenhänge dienen. Das nachstehende Modell soll beitragen, die Beziehungen zwischen Granitoiden und endogenen Zinnlagerstätten insbesondere der Quarz-Kassiterit-Gruppe als Grundlage für die Strategie der Prognose und Suche von Lagerstätten dieses Typs zu klären. Die dem Autor hierfür bedeutsam erscheinenden Aspekte werden in einzelnen Punkten entsprechend den Stadien im Prozeß der Lagerstättenbildung dargestellt.

a) Ausgangsbasis (Metallotekt) endogener Zinnlagerstätten sind magmatische Schmelzen granitoider Zusammensetzung, im Übergangsstadium (zeitlich zwischen dem eigentlichen Geosynklinal- und dem Tafelstadium gelegen) intrusiv geworden und meist mehrphasige Intrusivkomplexe und/oder Kleinintrusionen bildend. Die granitoide Schmelze und (gegenwärtig meßbar) damit auch die granitoide Substanz sind sowohl regional als auch temporal geochemisch spezialisiert, vor allem auf die für eine Zinnlagerstättenbildung relevanten Elemente Zinn, Fluor und Lithium. Die Zinn-Fluor-Spezialisierung ist für die Zinnlagerstättenbildung obligatorisch, die Lithiumspezialisierung fakultativ. Die wichtigsten Zinnträger im Granit sind Dunkelglimmer; aber auch Feldspäte und Hornblenden können hierfür Bedeutung erlangen.

b) Eine weitere Voraussetzung für die Zinnlagerstättenbildung ist die (wahrscheinlich im Herd des Intrusivkomplexes gegen Ende der intrusiven Aktivität erfolgende) Abspaltung wäßriger Restlösungen, deren wichtigste Eigenheit eine bestimmte minimale Fluoraktivität sein muß. Als Indiz für die unbedingt erforderliche minimale Fluoraktivität kann das Maß der regionalen und temporalen Fluorspezialisierung des Granitoids verwendet werden. Neben Fluor kann und wird in den Restlösungen eine Reihe anderer Elemente (wahrscheinlich K, Al, auch Sn, vermutlich Cl und B) in bestimmten Mengen enthalten sein.

Die Wanderung der Restlösungen erfolgt nicht im gesamten Granitmassiv, etwa gleichmäßig verteilt, sondern ist an bevorzugte, evtl. durch die zusätzlichen Intrusionen bzw. Ganggesteine vorgezeichnete, tektonische (erzzuführende) Strukturen geknüpft, die eine relativ große vertikale Ausdehnung besitzen.

c) Entsprechend dem Chemismus der Restlösungen, dem Chemismus des durchwanderten granitoiden Gesteins und dem Lösungsregime (t, p, Eh, pH) werden bei der aufwärts gerichteten Migration der Lösungen Austauschreaktionen mit dem granitoiden Nebengestein eintreten, die sich in einer Mikroklinisierung-Muskovitisierung, Albitisierung und Silifizierung der granitoiden Substanz äußern. Dieser metasomatische Prozeß geht bei ständig fallendem pH (von 8 auf 4) vor sich. Zinn (und andere Spurenelemente) werden in diesen Stadien in der Lösung zunehmend angereichert. Der pH-Abfall, die Intensivierung des Metasomatoseprozesses und damit auch das zunehmende Inlösunggehen des Zinns werden vor allem durch die fortwährende Anreicherung des Fluors in der Lösung bewirkt. Diese stetige Anreicherung wird möglicherweise durch die Zerstörung des primär mit Fluor angereicherten Dunkelglimmers eingeleitet und wesentlich stimuliert. Als Migrationsform für Zinn und Fluor kommt der Komplex $[Sn(OH)_xF_{6-x}]^{2-}$ in Frage. Die zeitlich aufeinander folgenden Stadien der Mikroklinisierung-Muskovitisierung, Albitisierung, Silifizierung sind theorotisch zonal angeordnet. Praktisch treten starke Überlappungsbereiche (Erscheinung eines Metasomatose-telescoping) auf. Es kann erwartet werden, daß die Elementauslaugungsquote (für Zinn u. a.) nicht in allen Stockwerken gleich ist; sie wird in den tiefsten wegen des stärkeren chemischen Ungleichgewichts am größten sein.

d) Die fortwährende Fluoranreicherung bewirkt schließlich eine Fluorsättigung der Lösung. Durch Bildung fluorhaltiger Minerale (wie Topas, Fluorit, fluorführende Glimmer) oder auch durch Entfernen des Fluors als gasförmige HF infolge Druckentlastung wird das Lösungsgleichgewicht gestört, der pH erhöht, der Fluoro-Hydroxo-Stannat-IV-Komplex zerstört und Zinn als $Sn(OH)_4$ ausgefällt. Durch Entwässerung entsteht SnO_2. Die Störung desLösungsgleichgewichts kann durch tektonische Ursachen (Aufreißen von Spalten) oder durch andere äußere Einwirkungen, wie Gesteinswechsel u. a., ausgelöst und stimuliert werden. Zinnanreicherungen werden daher häufig durch lokale Strukturelemente kontrolliert. Die Zinnausfällung (Lagerstättenbildung) erfolgt bei sich erhöhendem pH in den Stadien der Topasierung-Muskovitisierung (vor allem), Spätalbitisierung und Spätmikroklinisierung. Das Auftreten von Zinnlagerstätten im Exo- und Endokontaktbereich ist einerseits dadurch bedingt, daß hier ein Bereich relativ häufiger Gesteinswechsel auftritt, welche die Zinnausfällung stimulieren, andererseits muß dieser Bereich offensichtlich als der für die Ausfällung günstigste (im Verhältnis zur Entfernung des Entbindungsortes der Restlösungen) angesehen werden.

Die Bildung endogener Zinnlagerstätten wird zusammenfassend somit modellmäßig als Teil eines postmagmatisch verlaufenden Metasomatoseprozesses angesehen, wobei die im Lagerstättenstockwerk akkumulierten Elemente im wesentlichen Mobilisationsprodukte tiefer gelegener granitoider Substanzen darstellen. Der Zinn- (und der Lithium-)Inhalt der Lagerstätten entstammen dem Granit selbst. Sowohl für die Mobilisierung als auch für die Ausfällung des Zinns ist das Fluorregime der die Metasomatose bewirkenden Lösungen ausschlaggebend. Die Möglichkeit, ob an einen, in günstiger geologisch-tektonischer Position gelegenen granitoiden Intrusivkomplex genetisch endogene Zinnlagerstätten gebunden sind, kann an dessen Zinn-Fluor-Lithium-Spezialisierung eingeschätzt werden. Als wichtigste Voraussetzung für die Bildung endogener Zinnlagerstätten gelten somit erstens eine bestimmte Zinnanreicherung im granitoiden Gestein und zweitens (vor allem!) eine über einem bestimmten Maß (Schwelle) liegende Fluoraktivität in den postmagmatischen Restlösungen.

Die Ursache, daß an den oberkarbonischen granitoiden Intrusivkomplex im Erzgebirge keine endogenen Zinnlagerstätten gebunden sind, ist nicht in der mittelmäßigen Zinn- als vielmehr in der völlig ungenügenden Fluorspezialisierung zu sehen.

Die hier dargelegten Ergebnisse und Vorstellungen sind u. a. das Produkt in den Jahren 1965 bis 1968 intensiv geführter Diskussionen im Kreise von Fachkollegen, besonders aber mit F. SCHUST und J. WASTERNACK, Berlin.

Zusammenfassung

Die Bildung endogener Lagerstätten kann nur dann verstanden und richtig interpretiert werden, wenn sie als Prozeß aufgefaßt wird. Ausgangsgestein, Stofftransport sowie Lagerstätte bilden ein zusammenhängendes, im kybernetischen Sinne offenes System. Für die Lagerstättenprognose ist von Bedeutung, daß das Ausgangsgestein (Muttergestein) notwendigerweise bestimmte Eigenheiten aufweist, die über die evtl. nachfolgenden lagerstättenbildenden Prozesse informieren.

In der Arbeit wird speziell auf die Bildungsbedingungen endogener Zinnlagerstätten und insbesondere auf die Herkunft des Zinns eingegangen. Es kann nachgewiesen werden, daß Zinn (und andere Elemente, wie z. B. Lithium) aus dem geochemisch entsprechend spezialisierten, verfestigten Granit stammt, durch postmagmatisch-metasomatische Prozesse ausgelaugt, umgelagert und angereichert wurde. Die wichtigsten Zinn- und Lithiumträger im Granit sind die Dunkelglimmer. Ihre Zerstörung, die Mobilisation des Zinns und damit die potentielle Möglichkeit der Bildung von Zinnlagerstätten hängen wesentlich vom Fluorregime der postmagmatischen Lösungen ab. Die Zinn- und Fluorspezialisierung granitoider Komplexe sind somit die Hauptkriterien für die Einschätzung der Zinnlagerstättenführung eines bestimmten Gebietes.

Die Vorstellungen über die Bildung endogener Zinnlagerstätten werden an den Eigenheiten der Granite des Westerzgebirgischen Teilplutons und der dort auftretenden Zinnlagerstätten erläutert. Als wesentliche geochemische Besonderheit dieser Zinnlagerstätten wird der gegenüber dem umgebenden Granit erniedrigte Lithiumgehalt angesehen. Das spricht dafür, daß diese Lagerstätten einem relativ tief liegenden Metasomatosestockwerk angehören. Die Verteilung von Zinn und Lithium in den Metasomatiten kann als Indiz für die Perspektivität des angeschnittenen Lagerstättenstockwerkes benutzt werden.

Abschließend wird ein Modell über die Bildung endogener Zinnlagerstätten entwickelt, wobei auf die außerordentliche Bedeutung des Fluors bei der Mobilisation und bei der Präzipitation des Zinns hingewiesen wird.

Резюме

Образование эндогенных месторождений может быть понято и правильно интерпретировано лишь в том случае, если оно рассматривается как процесс. Исходная порода, транспортировка материала и месторождение образуют сопряженную, в кибернетическом смысле открытую систему. Для прогноза месторождений имеет значение, что исходная порода (материнская порода) обладает необходимыми определенными свойствами, которые сообщают о возможном последующем процессе образования месторождений.

В работе рассматриваются в частности условия образования эндогенных оловянных месторождений и особенно происхождение олова. Может быть доказано, что олово (и другие элементы, как напр. литий) происходит из геохимически соответственно специализированного, уплотненного гранита, что оно было выщелочено постмагматически-метасоматическими процессами, переотложено и обогащено. Важнейшими носителями олова и лития в граните являются темные слюды. Их разрушение, мобилизация олова и тем самым потенциальная возможность образования оловянных месторождений зависят в значительной степени от фторового режима постмагматических растворов. Оловянная и фторовая специализация гранитоидных комплексов являются таким образом главными критериями для оценки оловоносности месторождений определенного района.

Представления об образовании эндогенных оловянных месторождений разъясняются на примере специальных свойств гранитов западно-рудногорской части плутона и встречающихся там месторождений олова. Как важная геохимическая особенность этих оловянных месторождений рассматривается пониженное содержание лития по отношению к окружающим гранитам. Это говорит о том, что эти месторождения относятся к относительно глубокозалегающему метасоматозному этажу. Распределение олова и лития в метасоматитах может быть использовано как признак перспективности вскрытого этажа месторождений.

В заключение разрабатывается модель образования эндогенных месторождений олова, причем указывается на особо важное значение фтора при мобилизации и осаждении олова.

Summary

The formation of endogenic deposits can only be understood and interpreted properly if it is conceived as a process, with a coherent and open system in a cybernetic sense formed by the source rock, material transport and deposit. An important fact for the prognosis of deposits is that the source rock (mother rock) shows of necessity certain peculiarities which possibly inform on following processes forming deposits.

The present paper deals above all with the conditions of formation of endogenic tin deposits, and with the origin of the tin in particular. It can be demonstrated that tin (and other elements such as lithium) originates from the solidified granite geochemically specialized adequately, and was leached, reshuffled and enriched by postmagmatic-metasomatic processes. The most important tin and lithium carriers in the granite are dark micas whose destruction, mobilization of tin and, consequently, potential possibility of formation of tin deposits mainly depend on the fluorine regime of postmagmatic solutions. Thus the specialization of tin and fluorine in granitoid complexes are the main criteria for estimating tin deposits contained in a certain area.

Ideas on the formation of endogenic tin deposits are discussed by means of peculiarities of granites found in the partial pluton of the Western Erzgebirge and tin deposits occurring there. As their main geochemical peculiarity is considered the reduced lithium content as against the surrounding granite. This speaks in favour of the fact that these deposits pertain to a relatively deep-seated metasomatic stockwork. The distribution of tin and lithium in the metasomatites can be used as an indication for the perspectivity of the stockwork cut from the deposit.

Finally, a model is developed for the formation of endogenic tin deposits, with emphasis placed on the extraordinary importance of fluorine in the mobilization and precipitation of tin.

Literatur

BARABANOW, W. F.: Nature of greizenization process in wallrock zone and formation of metasomatic concretionary veins of greisen type. – Intern. Geol. Rev., 8, 7, 770–782 (1966).

BARSUKOW, W. L.: Zur Geochemie des Zinns (russ.). – Geochimija, 36–45, Moskau 1957.

– Zur metallogenetischen Spezialisierung von Granitoidintrusionen (russ.). – Chimija zemnoj kory, T. 2, 196–214, Moskau 1964.

– Über die Quelle der Erzsubstanz und ihre Bedeutung für metallogenetische Konstruktionen (russ.). – Gen. tipy, usl. obr. zak. razm. mest. olova i wolfr. sev.-sap. sekt. tichook. rudn. poj., 9–11, Wladiwostok 1966.

– On the source of ore substance of tin deposits. – Vortrag IAGOD-Symposium, St. Andrews (Schottland) 1967.

BARSUKOW, W. L., & G. J. KURILTSCHIKOWA: Über die Formen, in denen Zinn in hydrothermalen Lösungen transportiert wird (russ.). – Geochimija, 943–948, Moskau 1966.

BARSUKOW, W. L., & A. G. WOLOSSOW: Geochemische Prognosemethode für die Vererzung in der Tiefe und die Aufdeckung überdeckter Erzkörper in Sulfid-Kassiterit-Lagerstätten (russ.). – Geochimija, 1370 bis 1380, Moskau 1967.

BAUMANN, L., G. OLSZAK & G. TISCHENDORF: Tiefenbau und endogene Gesteins- und Erzbildung. – Ber. dt. Ges. geol. Wiss., A, 13, 443–460, Berlin 1968.

BEUS, A. A.: Zur Geochemie des Lithiums in den Prozessen der postmagmatischen Metasomatose (russ.). – Tr. IMGRE, 7, 50–60, Moskau 1961.

BEUS, A. A., & A. A. SITNIN: Geochemical specialisation of magmatic complexes as criteria for the exploration of hidden deposits. – XXIII, IGK, 6, 101–105, Praha 1968.

BEUS, A. A., & W. P. SOBOLEW: Geochemie der hochtemperierten Erzbildungsprozesse in den Granitoiden (russ.). – Prob. gen. rud; Dokl. sow. geol. Meshdun. Geol. kongr., XXII Sess., 5, 36–49, Moskau 1964.

BOYLE, R. W.: The geochemistry, origin, and role of Carbon dioxide, Water, Sulfur, and Boron in the Yellowknife Gold deposits, northwest territories Canada. – Econ. Geol., 54, 1506–1524, Lancaster 1959.

BRÄUER, H.: Geochemische Gliederung granitischer Gesteine des Thüringer Waldes und Erzgebirges und ihre lagerstättengenetische Bedeutung. – Freiberger Forsch.-H., C 209, 153–168, Berlin 1967.

DAHM, K.-P., P. BEUGE, H. BRÄUER & K.-H. BERNSTEIN: Zur Methodik der Untersuchung primärer geochemischer Anomalien von verdeckten Erzlgerstätten im Erzgebirge. – Z. angew. Geol., 14, 355–362, Berlin 1968.

FIALA, F., & Z. PÁCAL: Verzwitterung in der Zinnlagerstätte Preiselberk (Horni Krupka) (tschech.). – Sbornik geol. věd., ř. geol. 5, 135–183, Prag 1965.

GOTTESMANN, B.: Über einige Lithium-Glimmer aus Zinnwald und Altenberg in Sachsen. – Geologie, 11, 1164–1176, Berlin 1962.

GRIGORJEW, I. F., & E. I. DOLOMANOWA: Die Besonderheiten der Spezialisierung zinnführender Granitoide Transbaikaliens und die möglichen Bildungsbedingungen der Zinnlagerstätten (russ.). – Met. spez. magm. kompl.,Nedra, 157–186, Moskau 1964.

HEMLEY, J. J.: Some mineralogical equilibria in the system K_2O–Al_2O_3–SiO_2–H_2O. – Am. J. Sc., 257, 241–270, New Haven 1959.

HERRMANN, G.: Die Granite des Westerzgebirges und des Vogtlandes und ihre Beziehungen zu granitischen Gesteinen benachbarter Räume. – Diss. Min. Inst. Bergakad. Freiberg 1967.

HOFFMANN, V., & Z. TRDLIČKA: Die Geochemie des Li, Rb, Cs und Be in den Greisen der Cínovec-Lagerstätte. – Z. angew. Geol., 12, 41–47, Berlin 1966.

HOSKING, K. F. G.: The search for Tin. – Mining Mag., 113, 261–273, 368–383, 448–461, London 1965.

ILLING, J.: Geologische, petrographische und geochemische Untersuchungen zur Zinnprognose im Grubenfeld „Gesegnete Bergmannshoffnung" bei Breitenbrunn (Westerzgebirge). – Dipl.-Arb. Humboldt-Univ., Berlin 1968.

IWANIZKIJ, T. W., N. D. GWARAMADSE & T. D. MTSCHEDLISCHWIN: Zur Frage der Verteilung von Blei, Zink und Kupfer in metasomatisch umgewandelten magmatischen Gesteinen (russ.). – Geochimija, 1450–1456, Moskau 1966.

IZIKSON, G. W.: Die Herkunft der Alkalimetalle bei der Bildung von Zinnlagerstätten der Sulfid-Kassiterit-Formation (russ.). – Konf. Probl. postm. Erzbildung, T 1, 410–416, Praha 1963.

JANEČKA, J.: Prognosen der Zinnerzlagerstätten im Böhmischen Massiv (tschech.). – Geol. průzk., 12, 402–406, Prag 1967.

KAEMMEL, T.: Geologie, Mineralogie und Geochemie der Zinnlagerstätte „Tannenberg" (Vogtland). – Geologie, Bh. 30, Berlin 1961.

KOCH, W., & E. O. TEUSCHER: Die zonale Verteilung des Lithiums in osterzgebirgischen Greisen. – Neues Jb. Miner., Abh., 82, 93–110, Stuttgart 1951.

KONSTANTINOW, R. M.: Theorie der Erzbildung und Kybernetik (russ.). – Priroda, 55, 5, 45–51, Moskau 1966; dt. Übers.: Z. angew. Geol., 13, 290–294, Berlin 1967.

KORSHINSKIJ, D. S.: Abriß der metasomatischen Prozesse (russ.). – Akad. Nauk. SSSR, Moskau 1955, dt. Übers.: Berlin 1965.

KOSTEZKAJA, E. W., & W. I. MORDWINOWA: Die Verteilung des Fluors in Mineralen der Granitoide des Dshidinsker Komplexes (westl. Sabajkal) (russ.). – Geochimija, 627–631, Moskau 1968.

KOSYREW, W. W.: Über die geochemische Spezialisierung und Metallführung intrusiver Komplexe (russ.). – Metallogenija Tjan-Schanja, 91–93, Frunse 1968.

KRAFT, M.: Ein Beitrag zum Nachweis primärer Dispersionshöfe am Beispiel einer Zinnerkundungsbohrung im Raum Mühlleithen (Erzgebirge). – Z. angew. Geol., 8, 617–623, Berlin 1962.

KUPRIJANOWA, I. I., N. P. SABOLOTNAJA, M. I. NOWIKOWA & W. T. SCHAZKAJA: Die Besonderheiten der Entwicklung einer Vergreisung in Gesteinen unterschiedlicher Zusammensetzung (russ.). – Geol. rudn. mest., 8, 12–29, Moskau 1967.

LARIN, W. N.: Über die Möglichkeit der Prognostizierung verborgener Lagerstätten seltener Metalle im nördlichen Balschasch-Gebiet (russ.). – Geol. rudn. mest., 9, 18–34, Moskau 1967.

LJACHOWITSCH, W. W.: Über einige Besonderheiten erzführender Granitoide (russ.). – Geol. rudn. mest., 2, 70–84, Moskau 1964.

LOVERING, T. S.: Epigenetic, diplogenetic, syngenetic and lithogenetic deposits. – Econ. Geol., 58, 315–331, Lancaster 1963.

NEDASCHKOWSKIJ, P. G., & G. A. NARNOW: Gesetzmäßigkeiten der Zinnverteilung in zinnführenden Graniten, Apograniten und veränderten Pegmatiten des Fernen Ostens (russ.). – Geochimija, 786–794, Moskau 1968.

NEKRASSOW, I. JA.: Die Abhängigkeit des Typs der Zinnvererzung von den Bildungsbedingungen der magmatischen Gesteine (am Beispiel der Zinnlagerstätten des Nordostens der UdSSR) (russ.). – Probl. gen. rud., Nedra, 246–357, Moskau 1964.

OWTSCHINNIKOW, L. N., D. S. SCHLJAPNIKOW u. a.: Mobilisation und Stofftransport bei der endogenen Erzbildung (russ.). – Probl. gen. rud.; Dokl. sow. geol., Meshdun. Geol. Kongr., XXII. Sess., Probl. 5, 19–35, Moskau 1964.

PÄLCHEN, W.: Zur Geochemie und Petrologie der postorogenen varistischen Magmatite des sächsischen Osterzgebirges. – Diss. Min. Inst., Bergakad. Freiberg 1968.

PLATEN, H. v.: Kristallisation granitischer Schmelzen. – Beitr. Min. Petr., 11, 334–381, Heidelberg 1965.

RUB, M. G.: Die Besonderheiten der stofflichen Zusammensetzung und Genesis zinnführender magmatischer Komplexe und der Charakter ihrer Vererzung. – Z. angew. Geol., 14, 193–204, Berlin 1968.

RUNDKWIST, D. W., W. K. DENISENKO, I. A. NESENSKIJ & I. G. PAWLOWA: Die Verteilungsgesetzmäßigkeiten der Lagerstätten seltener Metalle in Zentralkasachstan (russ.). – Sakon. rasm. endog. rudn. mest., 44–82, Leningrad 1966.

SANDBERGER, S. v.: Über das Vorkommen des Zinns in Silikaten. – Sitz.-Ber. königl. bayr. Akad. Wiss., math.-naturw. Cl., 136–139, München 1878.

SARIDSE, G. M.: Über den postmagmatischen Charakter von Mineralisationsprozessen (russ.). – Isw. AN SSSR, Ser. geol. 1, 20–29, Moskau 1968.

SCHRÖDER, M.: Über die Zinnerzgänge des Eibenstocker Granitgebietes und die Entstehung derselben. – Sitz.-Ber. Naturforsch. Ges. Leipzig, 1883, 10, 70–74, Leipzig 1884.

SCHUST, F.: Strukturelle Probleme der regionalen Metallogenie des Erzgebirges und Vogtlandes. – Z. angew. Geol., 14, 57–65, Berlin 1968.

SEMJONOW, A. I., & A. A. SMYSLOW: Geochemische Kriterien des Zusammenhangs zwischen industrieller Vererzung und Gesteinen und das Problem der Herkunft der Vererzung (russ.). – Zap. wses. min. obstsch., 96, 5, 584–596, Leningrad 1967.

ŠTEMPROK, M.: Bemerkungen zur paragenetischen Stellung und zum Chemismus des Zinnwaldits aus Cínovec (tschech.). – Věstn. ÚÚG, 36, 303–305, Prag 1961.

– Distribution of Sn-W-M-Formation deposits around granites. – Konf. Probl. postm. Erzbildung, T. 1, 69–72, Prag 1963.

– Petrologie und die vertikale Ausdehnung der Mineralisation in der Granitkuppel von Cínovec (Zinnwald) (tschech.). – Sb. geol. věd. ř. LG, 5, 7 bis 106, Prag 1965.

STSCHERBA, G. N., G. M. SAMJATINA, S. K. KALININ & K. A. MUCHLJA: Germanium in einigen Greisen Kasachstans (russ.). – Geochimija, 1365 bis 1368, Moskau 1966.

STUDENIKOWA, S. W., & M. I. GLINKINA: Die Entwicklung der Molybdän- und Wolframgehalte in den Gesteinen der Geosynklinalzone des nördlichen Kaukasus in Verbindung mit der Bildung von Erzlagerstätten (russ.). – Chimija semnoj kory, T. II, Nauka, 349–363, Moskau 1964.

SUSTSCHEWSKAJA, T. M., W. L. BARSUKOW & T. A. TRUSIKOWA: Die Zusammensetzung mineralbildender Lösungen der Zinnerzlagerstätten von Mjao-Tschan (nach Daten von Gas-Flüssigkeits-Einschlüssen) (russ.). – Geochimija, 949–958, Moskau 1966.

SZÁDECZKY-KARDOSS, E.: Über die Herkunft der Schwermetalle der Erzgänge. – Freiberger Forsch.-H., C 186, 237–253, Berlin 1965.

TAUSON, L. W.: Geochemie der seltenen Elemente in Graniten (russ.). – Moskau 1961.

TISCHENDORF, G.: Zur Genesis einiger Selenidvorkommen, insbesondere von Tilkerode im Harz. – Freiberger Forsch.-H., C 69, 1–168, Berlin 1959.

– Das System der metallogenetischen Faktoren und Indikatoren bei der Prognose und Suche endogener Zinnlagerstätten. – Z. angew. Geol., 14 393–405, Berlin 1968.

– Zur geochemischen Spezialisierung der Granite des Westerzgebirgischen Teilplutons. – Geologie, 19, Berlin 1970.

TISCHENDORF, G., G. FRIESE & R. SCHINDLER: Die Dunkelglimmer der westerzgebirgisch-vogtländischen Granite und ihre Bedeutung als petrogenetische und metallogenetische Indikatoren. – Geologie, 18, Berlin 1969.

TISCHENDORF, G., J. WASTERNACK, H. BOLDUAN & E. BEIN: Zur Lage der Granitoberfläche im Erzgebirge und Vogtland. – Z. angew. Geol., 11, 410–432, Berlin 1965.

TUGARINOW, A. I.: Über die Bildungsursachen von Erzprovinzen (russ.). – Chimija semnoi kory, T. 1, 153–177, Moskau 1963.

VELDE, B.: Upper stability of Muscovites. – Carneg. Inst. Wash., Yearbook 63, 141–142, Washington 1963/64.

WASTERNACK, J.: Petrographisch-geochemische Untersuchungen an den Metasomatiten der Zinnlagerstätte Gottesberg (Vogtland). – Ms., Zentr. geol. Inst., Berlin 1969.

ZOUBEK, V., & Autorenkollektiv: Erläuterungen zur geologischen Übersichtskarte 1:200000, M–33–XII, Karlovy Vary. – ÚÚG Prag 1963.

Zeitschrift für angewandte Geologie, Bd. 15 (1969), Heft 7

Der Zeitfaktor bei der Bildung von endogenen Zinnlagerstätten

Bemerkungen zur Studie von Gerhard Tischendorf „Über die kausalen Beziehungen zwischen Granitoiden und endogenen Zinnlagerstätten"

GERHARD HERRMANN, Karl-Marx-Stadt

In der vorstehenden Studie von GERHARD TISCHENDORF „Über die kausalen Beziehungen zwischen Granitoiden und endogenen Zinnlagerstätten" werden die Bildungsmöglichkeiten endogener Zinnlagerstätten auf Grund einer Anzahl von Merkmalen in drei verschiedene Metasomatosestockwerke eingeteilt. Es wird dabei die unterschiedliche Lage innerhalb des Granitmassivkörpers als Hauptkriterium für die Untergliederung benutzt, also nur der Raumfaktor berücksichtigt, dagegen der Zeitfaktor außer acht gelassen. Ziehen wir jedoch den Zeitfaktor in die Betrachtung mit ein, daß alle Lagerstättenbildungsvorgänge zeitabhängig und größeren geologischen Entwicklungsvorgängen untergeordnet sind, so ergeben sich neue Gesichtspunkte.

Daß endogene Zinnlagerstätten stets deutlich postmagmatische Bildungen und meist jünger sind als die jüngsten granitoiden Phasen eines Intrusivkomplexes, ist im Prinzip zwar gültig, aber die Einschränkung „meist jünger als die jüngsten granitoiden Phasen" weist schon auf mögliche Besonderheiten hin. Es gibt tatsächlich zahlreiche Fälle, in denen Zinnlagerstätten von jüngeren granitischen Gesteinskörpern abgeschnitten oder durchsetzt werden, unter anderem auch im Erzgebirge. Bekannt sind die Beispiele von Geyer (BOLDUAN 1963), Ehrenfriedersdorf-Sauberg (BAUMANN & TÄGL 1963) und Ehrenfriedersdorf-Vierung (BOLDUAN & HOFFMANN 1963). Im Osterzgebirge lassen sich die Lagerstättenverhältnisse von Außen- und Innengreisen in den Lagerstätten Sadisdorf und Altenberg (SCHRÖCKE 1952, HEDRICH 1958) auf ähnliche genetische Verhältnisse wie in Geyer zurückführen, nur daß in den beiden Beispielen aus dem Osterzgebirge der Granit der jüngeren Phase der zusätzlichen Intrusionen auch noch in Greisen umgewandelt worden ist. Das bekannte Pyknitgestein von Altenberg ist nichts weiter als ein Stockscheider auf der Grenzfläche zwischen Außengranit und Innengranit mit eingelagerten scharf begrenzten Blöcken von Außengreisen. Die Vergreisung des Außengranits war schon vor der Ausbildung der Intrusionsgrenze zwischen beiden Granitphasen erfolgt, wie sich das aus der unterschiedlichen Beschaffenheit des Außen- und Innengreisens und dem wesentlich höheren Zinngehalt im Außengreisen ergibt.

Die Magmen der einzelnen Phasen innerhalb eines Granitmassivs, die alle einem Intrusivkomplex angehören, differenzieren sich im Verlauf der Abkühlung und Auskristallisation aus der zunächst nahezu einheitlichen Magmenmasse, die, aus dem Tiefenherd aufsteigend, den Raum des Granitmassivs eingenommen hat. Das läßt sich zwanglos aus den absinkenden Bildungstemperaturen der Gesteine der nacheinander folgenden Phasen im unterpermischen Intrusivkomplex (HERRMANN 1967) im Westerzgebirge ableiten. Diese absinkenden Bildungstemperaturen werden durch den mit der Zeit stark absinkenden perthitisch entmischten Albitanteil innerhalb der Kalifeldspäte dieser Gesteine bei gleichzeitiger Erhöhung der Gesamtalbitmenge bewiesen (Werte siehe HERRMANN 1967). Eine erneute Zufuhr von Magma direkt aus dem Tiefenherd setzt eine zeitbenötigende Nachbildung von intrusionsfähigem Magma voraus, und die erneute Intrusion von relativ hoch temperiertem Magma erzeugt Granitmassive eines neuen Intrusivkomplexes mit einer Phasenfolge von granitischen Gesteinen mit abfallender Kristallisationstemperatur.

Die obengenannten Zinnlagerstätten, die sich dadurch auszeichnen, daß sie älter sind als die Gesteine jüngerer Phasen innerhalb des gleichen Intrusivkomplexes, gehören alle dem oberen Metasomatosestockwerk TISCHENDORFs an. Im Sinne der Gliederung intrusiver granitischer Bildungen geringer Tiefe nach KOPTEW-DWORNIKOW (siehe HERRMANN 1967) gehören sie zur I. Etappe des Intrusivkomplexes.

Eine weitere Gruppe von Zinnlagerstätten entsteht im Zeitabschnitt der Bildung der Ganggesteine der II. Etappe (Lamprophyre und Granitprophyre), deren Magmen erst nach der vollständigen Verfestigung und weitgehenden Abkühlung der Granitmassivkörper empordringen können (entsprechend KOPTEW-DWORNIKOW, angeführt in HERRMANN 1967). Die Bildungen dieser Zinnlagerstättengruppe durchsetzen ältere Glieder dieser Ganggesteine und werden andererseits oft von jüngeren Gliedern dieser Ganggesteine durchsetzt, wie das von Mühlleithen (BAUMANN & GORNY 1964) und auch von Gottesberg bekannt geworden ist. Diese zweite Gruppe von Zinnlagerstätten, die der 2. Etappe des Intrusivkomplexes angehört, entspricht dem mittleren und unteren Metasomatosestockwerk TISCHENDORFs.

Die von TISCHENDORF herausgearbeitete räumliche Gliederung der Bildung endogener Zinnlagerstätten in unterschiedliche Metasomatosestockwerke entspricht also im Erzgebirge auch einer zeitlichen Gliederung, der Zugehörigkeit dieser Zinnlagerstätte zur I. oder zur II. Etappe eines Intrusivkomplexes. Die anderen Produkte dieses zeitlichen Bildungsablaufs, die Gesteine, weisen auf eine zu diesem zeitlichen Verlauf gehörende zeitliche Temperaturveränderung am Bildungsort hin. Wie wirkt sich nun dieser zeitliche Temperaturverlauf auf die von TISCHENDORF angeführten lagerstättenbildenden Prozesse aus?

Eingang des Manuskripts in der Redaktion: 1. 4. 1969.

Die Stabilität von Glimmern und Feldspäten gegenüber wasserreichen Reaktionspartnern ist nicht nur konzentrationsabhängig bzw. druckabhängig vom Wasser und von anderen Substanzen, wie z. B. Fluor, sondern auch temperaturabhängig. Bei sehr hohen Temperaturen bilden sich Feldspäte (Kalifeldspat und Albit), Topas und bestimmte Glimmer praktisch gleichzeitig, wie z. B. in Pegmatiten. Diese Minerale sind also gegenüber dem wasserreichen Schmelzrest stabil. Bei fallender Temperatur werden die gesteinsbildenden Silikate, auch die obengenannten pegmatitischen, durch Wasser hydrolysiert, wobei bei mittlerer Temperatur diese Hydrolyse relativ schnell verläuft und sich bei weiter sinkender Temperatur die Reaktionsgeschwindigkeit verlangsamt.

Der Temperaturbereich bei der Bildung von Zinnlagerstätten der I. Etappe ließ offensichtlich die Zersetzung der Gesteinsfeldspäte und Glimmer zu, zum anderen war er in Verbindung mit der Fluor- und Lithiumkonzentration hoch genug, so daß Lithiumglimmer gebildet werden konnten. Deshalb kam es nicht nur zur Abscheidung bauwürdiger Zinnmengen, sondern auch zur Festlegung beachtlicher Lithiummengen. Die Primäraureolen von Zinn sind räumlich sehr ausgedehnt; man könnte sogar auf den Gedanken kommen, daß die überhöhten CLARKE-Gehalte an Zinn in den granitischen Gesteinen des unterpermischen Intrusivkomplexes im Erzgebirge als Primäraureolen aufzufassen sind. Durch das relativ hohe Intrusionsniveau der Magmen des unterpermischen Intrusivkomplexes wird im Erzgebirge ihre relativ schnelle Erstarrung bewirkt (HERRMANN 1967). Dadurch ändern sich auf geringe vertikale Entfernung und mit geringem Zeitabstand Temperatur und Druck relativ stark. Das bewirkt zusammengenommen die Abgabe von lagerstättenbildenden Fluida in großer Menge, in kurzer Zeit und auf engem Raum, also die Erzielung einer hohen Konzentration dieser Fluida. Die obenangeführte relativ starke Änderung von Temperatur und Druck in vertikaler Entfernung bewirkt jedoch auch mit den schnellen und ortskonzentrierten Absatz der lagerstättenbildenden Elemente, wie Zinn, Fluor und Lithium. Für die Lagerstätten ist also einmal eine relativ geringe Migrationsweite der lagerstättenbildenden Elemente in vertikaler Erstreckung zu erwarten. Der direkte Nachweis von Zinn- und Lithiumauslaugungsbereichen unterhalb der Lagerstätten der I. Etappe ist noch nicht geführt, meist werden diese Lagerstättenkörper von granitischen Gesteinen noch jüngerer Phasen unterlagert. Die Existenz von Magma unter diesen Lagerstätten während ihrer Bildungszeit schränkt diese Annahme der Notwendigkeit der Auslaugung der Zinn- und Lithiummengen aus festem Granit ein. Die Substanz der Lagerstätten der I. Etappe kann durchaus nahezu in klassischem Sinne aus dem Magma im Verlauf seiner Kristallisation entbunden worden sein, die angeführten Tatsachen lassen das durchaus zu. Damit ist für die endogenen Zinnlagerstätten des Erzgebirges, die der I. Etappe des unterpermischen Intrusivkomplexes angehören, die Modellvorstellung der Auslaugung der lagerstättenbildenden Elementmengen aus dem unterlagernden festen Granit im Sinne von TISCHENDORF nicht die einzig mögliche Erklärung ihrer Entstehung; und die klassische Modellvorstellung der Entbindung der lagerstättenbildenden Elemente aus dem kristallisierenden Magma, natürlich noch unter ständiger Wechselwirkung mit bereits fester Substanz, ist damit noch nicht widerlegt.

Der tieferliegende Temperaturbereich der Bildung von Zinnlagerstätten der II. Etappe gestattet dagegen nicht mehr die Bildung von Lithiumglimmern und anderen Mineralen höheren Lithiumgehalts; das Lithium wurde als leichtlösliches Ion mit den weiterströmenden Wässern aus dem Lagerstättenbereich ausgetragen. Deshalb entstehen hier auch keine positiven Lithiumaureolen, und die Zinnaureolen sind infolge der beschränkteren Migration bei niedrigeren Temperaturen weniger breit. Die Glimmer der entstandenen Greisen sind überwiegend feinschuppige Serizite. In Verbindung mit der tiefreichenden Erstarrung der granitischen Massive vor der Bildung der Ganggesteine der II. Etappe und der damit zeitlich verbundenen Lagerstätten der II. Etappe steht eine gegenüber den Lagerstätten der I. Etappe niedrigere Temperatur am Bildungsort, verbunden mit einem geringeren Temperaturgradienten in vertikaler Richtung. Natürlich bewirken die Spaltenintrusionen der Ganggesteine der II. Etappe, wie im Fall von Mühlleithen und Gottesberg, eine erneute Wärmezufuhr und damit eine gewisse Temperaturerhöhung, aber die Magmenmenge ist gering und damit die Temperaturerhöhung nicht allzu kräftig und weitreichend. Bemerkenswerterweise sind jedoch die einzigen bedeutenden Zinnkonzentrationen, die im Verlauf der II. Etappe entstanden, räumlich und auch zeitlich mit diesen Ganggesteinsintrusionen verknüpft. Die Temperaturänderung im Vertikalen ist, wie schon erwähnt, geringer, dementsprechend erscheinen auch eine größere vertikale Ausdehnung von derartigen Zinnkonzentrationen und wesentlich größere Transportweiten möglich. Hierher gehört z. B. auch das Zinnvorkommen von St. Johannes, Lauterbach bei Oelsnitz (Vogtland), das zum Teil bereits außerhalb des Granitkontakthofs liegt. Für die Bildung von Zinnkonzentrationen im Verlauf der II. Etappe eines Intrusivkomplexes ist die von TISCHENDORF entwickelte Modellvorstellung eine mögliche Erklärung, die keine Widersprüche zu bekannten geologischen Tatsachen enthält. Die dazugehörenden Auslaugungsbereiche sind nachgewiesen.

Literatur

BAUMANN, L., & S. GORNY: Neue tektonische und petrographische Untersuchungsergebnisse in der Zinnlagerstätte Tannenberg-Mühlleithen. – Freiberger Forsch.-H., C 181 (1964).

BAUMANN, L., & F. TÄGL: Neue Erkundungsergebnisse in der Zinnlagerstätte von Ehrenfriedersdorf (Betriebsteil „Sauberg"). – Freiberger Forsch.-H., C 167 (1963).

BOLDUAN, H.: Geologie und Genese der Zinn-Wolframlagerstätte Geyer (Erzgeb.). – Freiberger Forsch.-H., C 167 (1963).

BOLDUAN, H., & M. HOFFMANN: Geologie und Erkundungsergebnisse der Zinnerzlagerstätte „Vierung" bei Ehrenfriedersdorf. – Freiberger Forsch.-H., C 167 (1963).

HEDRICH, H.: Neue Aufschlüsse im Zwitterstock zu Altenberg. – Z. angew. Geol., 4, 2/3, Berlin 1958.

HERRMANN, G.: Die Granite des Westerzgebirges und des Vogtlandes und ihre Beziehungen zu granitischen Gesteinen benachbarter Räume. – Unveröff. Diss. Miner. Inst. Bergakad. Freiberg 1967.

SCHRÖCKE, H.: Sächsische Zinnlagerstätten, ihre Paragenese und Altersstellung. – Freiberger Forsch.-H., 8, C 3 (1952).

Zeitschrift für angewandte Geologie, Bd. 15 (1969), Heft 7

Erwiderung auf G. Herrmann „Der Zeitfaktor bei der Bildung von endogenen Zinnlagerstätten"

GERHARD TISCHENDORF, Berlin

Der rationelle Kern der Bemerkungen G. HERRMANNs ist darin zu sehen, daß er die Auffassung vertritt, es existieren im System der magmatischen und postmagmatischen Bildungen eines Intrusivkomplexes nicht eine lagerstättenbildende Etappe, sondern zwei. Auf das Problem der relativen zeitlichen Zuordnung endogener Zinnlagerstätten zu bestimmten Phasen und Nachphasen eines Intrusivkomplexes ist Verf. in seiner Studie bewußt nicht eingegangen, weil diese Zuordnung im konkreten Einzelfall bei Vorhandensein günstiger Aufschlüsse wohl möglich, ein Vergleich von Teilpluton zu Teilpluton aber wegen der doch unterschiedlichen geologischen Verhältnisse und der Möglichkeit (bzw. sogar Wahrscheinlichkeit) einer zeitlichen Verschiebung nur schwer durchzuführen ist und ausschließlich mit vereinfachenden (evtl. unzulässigen) Annahmen vorgenommen werden kann. In der vorliegenden Studie wird somit nicht Wert darauf gelegt, festzustellen, daß einzelne Lagerstätten irgendeine bestimmte (oder oft auch nicht exakt zu bestimmende) zeitliche Position einnehmen, sondern es wird versucht, die Problematik der Bildungsbedingungen und des Zusammenhangs mit der granitoiden Substanz schlechthin aufzuzeigen. Dabei ist durchaus einzuräumen, daß neben dem von mir besonders betonten Raumfaktor (Erscheinungen der vertikalen Zonalität) auch der Zeitfaktor (Erscheinungen der temporalen Zonalität) für die Verteilung der Elemente gebührende Bedeutung haben kann.

G. HERRMANN deutet in seinen Bemerkungen an, daß die Substanz der endogenen Zinnlagerstätten seiner I. Etappe „durchaus nahezu im klassischen Sinne aus dem Magma im Verlauf seiner Kristallisation entbunden worden sein kann", wobei er allerdings zugibt: „natürlich noch unter laufender Wechselwirkung mit bereits fester Substanz". Aber dieser zuletzt genannte Umstand ist gerade der springende Punkt des aufgestellten Modells. In diesem Zusammenhang sei an die Ergebnisse der 1596 m tiefen Bohrung von Cínovec, nach HERRMANN eine Lagerstätte der I. Etappe, erinnert. ŠTEMPROK (1964, 1965) wies in diesem Profil eine Reihe von Prägreisen- (Kalifeldspatisierung, Albitisierung) und Postgreisenprozesse (Sulfidisierung, Fluoritisierung, Kaolinitisierung u. a.) nach und kommt zu dem Ergebnis, daß die die Vererzung bewirkenden Lösungen aus größerer Tiefe stammen müssen. Damit wird aber angezeigt, daß auch bei diesem Lagerstättentyp Auslaugungs- und Umlagerungsprozesse eine entscheidende Rolle spielen. Die Veränderung der Li_2O-Gehalte im Profil der Bohrung Cínovec mit der Teufe (siehe ŠTEMPROK 1965, S. 47) können im Sinne der Modellvorstellung des Autors gewertet werden, wenngleich auch hierbei mangels Bezugsgehalts nicht direkt über Auslaugungs- und Anreicherungsstockwerk entschieden werden kann.

Literatur

ŠTEMPROK, M.: Traces of Sulphide and Greisen Mineralization in the Deep Parts of the Cínovec (Zinnwald) Granite Massif. – Věstnik ÚÚG, XXXIX, 211–213, Prag 1964.

– Petrografie a vertikălni rozsah mineralizace v cínoveckě žulové klenbe. – Sbornik geol. věd, ř. LG., sv. 5, 7–106, Prag 1965.

Förderung und Vorräte an Erdöl und Erdgas

M. K. KALINKO, Moskau

Kein mineralischer Rohstoff wird in solch wachsendem Tempo wie Erdöl und Erdgas gefördert. Schon seit mehr als 100 Jahren steigt die Erdölproduktion in der Welt jährlich um 7 bis 10% an, infolgedessen verdoppelt sie sich durchschnittlich alle 7 bis 10 Jahre. Erst vor kurzem erreichte die Jahresförderung an Erdöl in der Welt 1 Mrd. t; aber schon in diesem Jahr (1969) muß man damit rechnen, daß sie die 2-Milliarden-Grenze überschreitet. Noch schneller steigt die Erdgasförderung in der Welt an. Sie wächst durchschnittlich um 10 bis 12% im Jahr. Nach vorläufigen Schätzungen wurden 1967 über 1033 Mrd. m^3 Erdgas gefördert (das mit dem Erdöl zusammen geförderte Gas nicht einbezogen). Ersten Schätzungen zufolge wurden bis zum heutigen Tag insgesamt über 8 Trill. m^3 Gas gefördert oder mit dem Erdöl zusammen gewonnen. Die Gesamtmenge des auf der Erde seit 1859 geförderten Erdöls beträgt nach unseren Schätzungen 28970 Mill. t. Die Tabelle bringt Angaben über die Erdöl- und Erdgasförderung in verschiedenen Ländern.

Dabei muß bemerkt werden, daß das schnelle Ansteigen der Erdölproduktion bereits kurz nach Entstehen dieser Industrie eine Reihe von Wissenschaftler befürchten ließ, die Vorräte erschöpften sich verhältnismäßig schnell. So nahm beispielsweise schon 1920 der Direktor des Geologischen Dienstes der USA an, daß 60% der Erdölvorräte des Landes schon gefördert worden wären. Damals wurden die ursprünglichen Vorräte in den USA auf 2 Mrd. t geschätzt. 1969 betragen, wie aus der Tabelle hervorgeht, die erkundeten Vorräte und die kumulative Gesamtförderung an Erdöl 16247 Mill. t. Ungeachtet des bedeutenden Anwachsens der Erdölförderung vergrößern sich in vielen Ländern die erkundeten Vorräte.

Eingang des Manuskripts in der Redaktion: 28. 3. 1969.
Übers.: H. HOCKE, Berlin.

Tab. Kumulative Gesamtförderung und erkundete Erdöl- und Erdgasvorräte in den verschiedenen Ländern der Welt (nach Angaben ausländischer Zeitschriften und einer Einschätzung des Autors)

	Anzahl der Exploitationsbohrungen zu Ende 1967	Erdölvorräte zu Ende der Jahre (Mill. t)		Erdölförderung (1000 t)			Verhältnis der Vorräte zur Förderung für 1967	Erdgasvorräte zu Ende der Jahre (Mrd. t)			Menge des geförderten Erdgases (Mill. m³)	
		1966	1967	1967	1968	Gesamtförderung		1961	1966	1967	1967	insgesamt
1	2	3	4	5	6	7	8	9	10	11	12	13
Nordafrika	1705	2982,4	3837,9	125132	182200	758432,3	29,1	1533,3	2524,91	3186,2	14161,8	51522
Algerien	701	840,7	892,4	33253	42500	239757,4	22,8	1415,9	2265,4	2831,7	3199,5	8907
VAR	200	188,0	260,2	5726	11300	96752,4	45,4	12,0	21,2	28,3	425,3	2689
Libyen	734	1910,6	2635,3	83815	125000	413648,9	31,4	104,8	226,5	331,5	10435,3	39719
Marokko	50	1,25	1,16	98	100	1903,8	11,9	0,283	0,510	0,510	9,5	115
Tunesien	20	41,9	48,8	2240	3300	6369,8	20,0	0,283	11,3	14,2	92,2	92
Mittel- u. Südafrika	158	737,2	642,5	19591	11450	95703,3	32,3	8,44	135,95	98,5	20728,5	102883
Angola	22	6,2	5,6	537	550	5470,3	9,3	0,198	2,83	0,708	639,8	4326
Kabinda	–	–	27,5	keine Angaben			–	–	–	4,25	keine Angaben	
Kongo (Brazzaville)	5	0,4	0,4	} 3464	} 4600	73057,5	8,0	0,142	0,057	0,058	–	67
Gabun	104	54,8	68,5				19,9	0,850	5,66	8,50	17420,6	87862
Nigeria	27	675,7	540,5	15590	6300	17175,5	34,2	7,08	127,4	85,0	2668,1	10628
Senegal		keine			keine Förderung		–	0,170	–	–	keine Förderung	
Asien, Naher Osten	2244	33041,3	33918,2	498854	559350	5478189	–	5048,5	6459,8	6463,1	–	543205
Abu-Dabi	60	989,1	1055,0	18125	24000	85500,6	57,5	85,0	169,9	169,9		6600
Bachrein	206	34,9	52,4	3443	3700	57096,5	14,8	3,68	3,68	5,66	keine Angaben	5300
Duban	keine		133,3	keine Förderung			–	1840,6		19,8	keine Förderung	
Iran	221	5628,4	5902,9	129298	141800	1328715,6	45,4	687,1	2831,7	2831,7	keine Angaben	170000
Irak	117	4027,5	3893,2	60165	74000	850565,4	64,7	1,13	623,0	594,7	keine Angaben	77000
Israel	32	2,56	1,24	131	100	1672,2	9,2	991,1	1,27	1,05	keine Angaben	150
Kuweit, Neutrale Zone	941	11240,0	11385,6	137787	143500	1593123,7	162,9	–	1118,5	1161,0	keine Angaben	144700
Oman	22	243,2	243,2	2801	11750	14550	86,8	212,4	56,6	42,5	keine Angaben	280
Qatar	63	484,2	471,1	15479	16500	153086,6	30,5		226,5	198,2		13700
Saudi-Arabien	370	10223,4	10532,3	129305	140000	1385123,2	81,2	1274,3	1415,9	1415,9	keine Angaben	125000
Syrien	keine Ang.	98,0	133,0	keine Ang.	1000		–	2,27	11,3	14,2	keine Angaben	
Türkei	212	70,0	105,0	2320,0	3000	7755,2	38,4	0,991	1,42	8,5	keine Angaben	475
Asien, Australien, Ferner Osten und Ozeanien	8077	1448,55	1549,75	38966	45700	776120,4	15,1	645,9	1217,56	1400,72	6433	121439
Afghanistan	–						–	–	113,3	141,6	110	129
Burma	400	7,74	7,74	587	750	44549,7	13,7	4,25	5,66	5,66	110	5010
Indien	685	133,4	133	5665	580	52250,0	25,0	21,1	56,6	58,7	300	3500
Japan	1068	5,12	5,12	787	800	31328,5	6,4	14,2	22,7	22,7	1890	12000
Pakistan	12	8,69	3,69	500	500	8257,8	8,5	424,8	574,8	580,5	2196	30000
Thailand	28	0,1	0,16	keine Angaben			–	0,028	–	–	3,99	10
Australien	166	25,3	126,5	967	1700	8094	131,6	0,113	127,4	212,4	4	100
Burma, Malaysia	568	69,1	69,1	5150	6150	113640,8	13,8	12,7	21,2	21,2	205	10700
Indonesien	2204	1204,1	1204,1	25310	30000	522972,7	47,5	56,6	56,6	56,6	1614	50000
Neuseeland	4							8,50	17,0	5,66	keine Förderung	

Fortsetzung der Tabelle

	Anzahl der Exploitationsbohrungen Ende 1967	Erdölvorräte Ende der Jahre (Mill. t)		Erdölförderung (1 000 t)			Verhältnis der Vorräte zur Förderung für 1967	Erdgasvorräte zu Ende der Jahre (Mrd. t)			Menge des geförderten Erdgases (Mill. m³)	
		1966	1967	1967	1968	Gesamtförderung		1961	1966	1967	1967	insgesamt
1	2	3	4	5	6	7	8	9	10	11	12	13
Papua		keine Förderung						12,7	keine Angaben			
Philippinen								0,03				
Westneuguinea								0,085				
Nordamerika	586834	5679,3	5737,0	501041	523000	13154522	11,4	9089,8	9755,4	9923,5	564400,4	5160000
Kanada	17186	1046,6	1097,3	47120	51000*)	553600	23,8	1019,4	1230,4	1293,6	43894,0	100000
Mexiko	2779	377,0	385,2	18711	20000	610000	20,4	283,2	332,0	335,6	16,2	60000
USA	566869	4255,7	4254,5	435210	452000*)	11990522	9,8	7787,2	8193,0	8294,3	520490,2	5000000
Südamerika	28952	3424,5	2389,4	233688,6	240550	4169642	8,1	1234,6	1449,9	1385,6	23610,0	696713
Barbados				1,5	—	1,5	4,5		keine Angaben			
Trinidad	8892	63,8	74,4	9196	9600	161250,4	8,1		keine Angaben		8964,4	15000
Argentinien	7010	435,4	421,8	16410	18000	229509	25,7	169,9	254,9	226,5	6193,5	530000
Bolivien	190	62,8	62,8	1676	2250	10377,4	37,7	7,08	56,6	85,0	852,6	1000
Brasilien	899	130,4	143,4	6978	7900	54860,7	20,6	9,91	26,9	26,8	874,6	615,2
Chile	290	19,5	19,5	1604	1750	17430,4	12,1	51,0	85,0	85,0	7039,5	45754,2
Kolumbien	2260	255,2	283,5	10006	9000	206477,8	28,8	39,6	127,4	113,3	2738,3	64833,6
Ecuador	820	8,3	40,6	300	300	13292	185,9	2,12	2,12	2,83	185,4	4000
Guayana	2	keine Angaben		0,1	—	0,1	—			keine Förderung		
Peru	2490	46,4	66,2	8456	4250	101700,8	19,3	20,5	70,8	56,6	1701,7	30000
Venezuela	11599	2408,2	2277,7	184061	187500	8874642,4	12,3	934,5	826,2	788,1		500000
Westeuropa	5209	230,9	226,0	14740	14562	168961,9	14,1	272,0	2483,6	3044,4	23753,0	122930
Österreich	1154	33,3	32,7	2685	2730	2788,6	10,6	24,1	34,0	28,3	1797,0	22440,0
Westdeutschland	3390	98,6	98,6	7926	7980	108154,7	12,4	42,5	240,7	240,7	4338	25000
Italien	194	51,8	49,5	1691	1550	23560	23,5	131,7	141,6	141,6	9367	55000
Niederlande	400	41,1	41,1	2269	2150	32451,1	18,1	73,6	1784,0	1925,6	7767,5	20000
Spanien	25	4,85	2,88	80	80	190	33,4	—	0,142	0,283	3,54	10
Großbritannien	46	0,574	1,15	89	72	1817,4	14,7	0,142	283,2	707,9		
Nordsee											480,0	480
Insgesamt:	633179	47543,5	49300,8	1432012,5	1576812	24601570,9		17832,5	24027,1	25502,0	653086,7	679869

*) In den veröffentlichten Zusammenfassungen ist die Menge des geförderten Erdöls zusammen mit dem verflüssigten Erdgas angegeben; die in der Tabelle angeführten Zahlen wurden vom Autor erarbeitet.

Die Vorstellungen über die Erdölvorräte in der Welt änderten sich ebenfalls. L. G. WEEKS, der schon seit 20 Jahren die Verteilung der Erdöl- und Erdgasvorräte in der Welt untersucht, veröffentlichte hierüber folgende Zahlen (in Mrd. t): 1948 = 84, 1950 = 138, 1958 = 207, 1963 = 210, 1967 = 305.

Uns scheint, daß auch diese Schätzungen mindestens um das 2- bis 3fache zu niedrig angesetzt sind, da erstens der Autor die perspektivische Fläche auf den Kontinenten etwas zu niedrig angab und zweitens nicht das unter einer Wasserüberdeckung von mehr als 300 m Tiefe liegende Erdöl berücksichtigte. Nach unseren Berechnungen belaufen sich die ursprünglichen Vorräte an Erdöl in der Erdkruste auf mindestens 2250 Mrd. t (d. h., wenn die ausbringbaren Vorräte ein Drittel betragen, wie L. G. WEEKS annimmt, so belaufen sich die ausbringbaren ursprünglichen Vorräte in der Welt auf 750 Mrd. t oder fast auf das über 2,5-fache der Schätzungen WEEKS).

Die Weltvorräte an Naturgas, die L. G. WEEKS mit 150 Bill. m^3 angibt, sind unserer Meinung nach noch weit mehr unterschätzt worden. Berücksichtigt man die letzten Entdeckungen großer erdgasführender Becken mit Lagerstätten, deren Vorräte mit Trillionen m^3 angegeben werden (die Lagerstätten Urengoj in Westsibirien mit Vorräten von 2,6 Trill. m^3, Slochteren in den Niederlanden mit 1,8 Trill. m^3), sowie den Umstand, daß die Erkundung der meisten dieser Becken erst begonnen hat, so wird offensichtlich, um wieviel diese Zahl unter den potentiellen Gasvorräten der Erdkruste liegt. Nach unseren Berechnungen übersteigen die Gesamtvorräte an Erdgas mindestens um das 3fache die angegebene Zahl und betragen über 500 Trill. m^3 (M. K. KALINKO 1964).

Trotz des schnellen Ansteigens der Erdöl- und Erdgasförderung in der Welt sind demnach die Vorräte so groß, daß wir eine Erschöpfung noch nicht zu befürchten brauchen. Jedoch sind Maßnahmen zur Erhöhung der Abgabekoeffizienten für Erdöl und Erdgas und zum Schutz der Lagerstätten vor einer unnötigen Erschöpfung zu treffen, da eine Vergrößerung der Teufe beim Niederbringen von Bohrungen und die Nutzung neuer Territorien und Aquatorien zusätzliche Aufwendungen erforderlich machen.

Zu Fragen der Optimierung der Sondenanzahl beim Abbau von Erdgaslagerstätten

HANS ECKHARD OFFHAUS, Mittenwalde (Mark)

1. Problematik

Der Abbau von Erdgaslagerstätten muß unter optimalen Verhältnissen hinsichtlich des Aufwands bei der Erschließung von Lagerstätten, der Förderung des Rohstoffs und des Gewinns aus diesen Arbeiten betrieben werden. Durch den ausgesprochen hohen Grad der Mathematisierung bei der Lösung reservoirmechanischer Probleme im internationalen Maßstab bietet sich die Kybernetik nachdrücklich an. In dieser Arbeit sollen Gedanken für einen Weg der Operationsforschung beim Abbau von Erdgaslagerstätten dargelegt und diskutiert werden.

Besonders in großen Teufen ist der Aufschluß von Lagerstätten kostenaufwendig und materialintensiv. Die Bohrungen erfordern oft den größten Investitionsaufwand. Daher besteht eines der Hauptprobleme in der Ermittlung der optimal notwendigen Sondenanzahl zur Förderung eines Feldes. Ökonomische Aspekte im Sinne einer sozialistischen Arbeitsweise zwingen zu derartigen Überlegungen.

Die dargelegten Wege sind in jedem Detail entwicklungsfähig und verlangen in konkreten Fällen eine Präzisierung entsprechend den verschiedenen Typen der Lagerstätten und den an sie gestellten Anforderungen.

2. Systemanalyse des Abbaus von Erdgaslagerstätten

Die Hauptaufgabe beim Abbau von Lagerstätten, die reservoirmechanisch eine Einheit bilden, besteht darin, die vorgefundene Lagerstättenenergie und den vorhandenen Vorrat optimal zu nutzen. Der Energieverschleiß einer Lagerstätte bei der Gewinnung des Vorrats ist von mannigfaltigen Faktoren abhängig, die z. T. gerichtet veränderlich sind. In seiner allgemeinsten Form ist das System des Abbaus solcher Lagerstätten durch die Gleichung von CHURCHMAN, ACKOFF & ARNOFF darstellbar:

$$E = f(x_i; y_i)$$

Dabei ist E die Wirksamkeit des Systems; x_i kennzeichnet die Veränderlichen, die gerichtet beeinflußbar sind; y_i stellt die Veränderlichen dar, auf deren Größe kein Einfluß genommen werden kann. Unter der Bedingung, daß die Störgrößen beim Abbau von Erdgaslagerstätten in ihrem Wesen erkannt werden, ist die Gleichung zu erweitern:

$$E = f(x_i; y_i; z_i)$$

Dabei stellt z_i die gerichtet beinflußbaren Störgrößen dar.

Allgemeines System des Abbaus von Lagerstätten (Abb. 1)

Der Energiebedarf, der von der Lagerstätte bis zum Verbraucher auftritt, muß so klein wie möglich gehalten werden. Die Summe des Energiebedarfs III, IV, V ergibt den Fördergrenzdruck. Der weitere Abbau der Lagerstätten muß mit zusätzlicher Energie (Kompressorförderung) betrieben werden.

Entsprechend der Aufgabenstellung dieser Ausführungen ist es nicht notwendig, den fördertechnischen Teil des Systems näher zu analysieren. Jedoch besteht ein spezifisches Interesse daran, die lagerstättenmechanischen Prozesse der Förderung mit ökonomischen

Eingang des Manuskripts in der Redaktion: 11. 2. 1969.

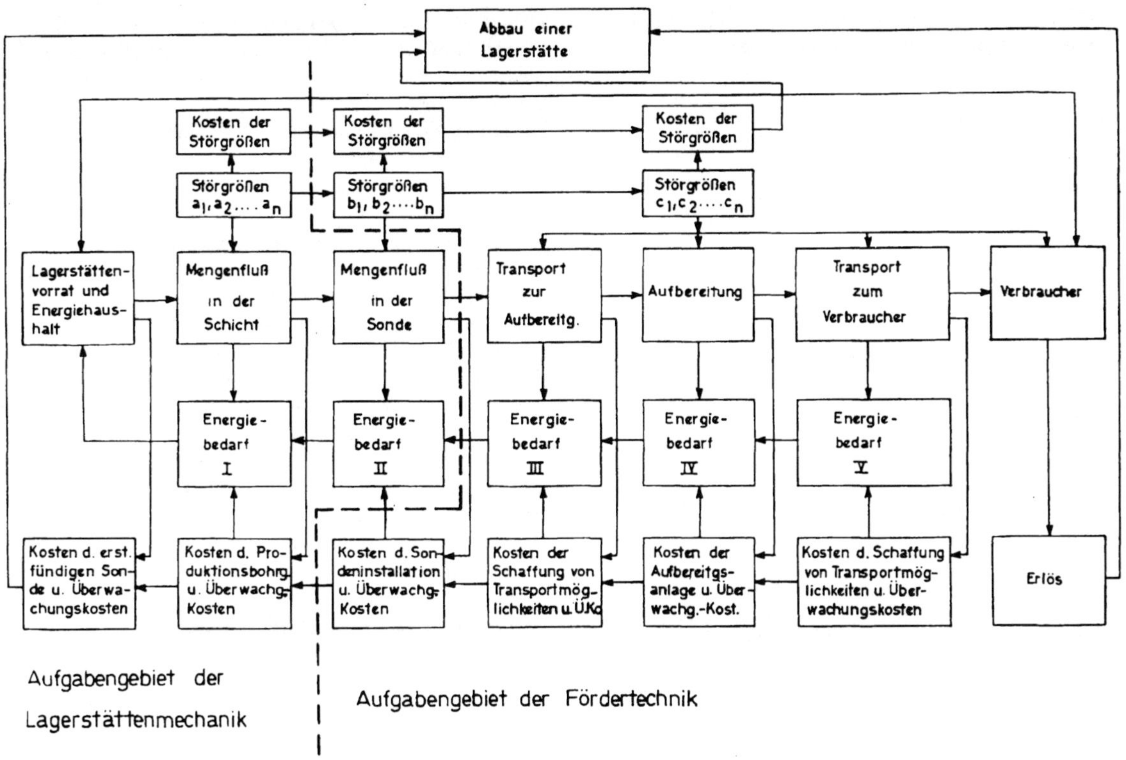

Abb. 1. Allgemeines System des Abbaus von Lagerstätten

Problemen in Zusammenhang zu bringen, weil deren Ergebnisse einen direkten Einfluß auf den Umfang der Aufschlußarbeiten ausüben können.

Veränderliche der Teilsysteme und ihre Störgrößen

Unter der Bedingung, daß beim Abbau von Lagerstätten keine Störgrößen auftreten, daß die Permeabilitätsverhältnisse im sondennahen Raum nicht mehr veränderlich sind, daß der Fördergrenzdruck und die Installation der Sonden technisch vorgegeben sind, besteht lediglich die Möglichkeit, die Sondenzahl und die Förderrate sinnvoll zu verändern, wobei die effektiv ausbringbaren Vorräte und die zur Förderung notwendigen Drücke von diesen gerichtet beeinflußbaren Variablen abhängig sind.

3. Mathematisches Modell zur Simulation des Lagerstättenabbaus

Die schwierigsten Probleme der Simulation des Abbaus von Erdgaslagerstätten sind:

a) die Prognose des Verlaufs des laufenden Lagerstättendrucks im Zusammenhang mit dem Regime der Lagerstätte;

b) die Prognose des Verlaufs der systematischen Verwässerung und damit im Zusammenhang die Veränderung der Phasenpermeabilität und der Leistungscharakteristiken von Sonden;

c) die Prognose der Veränderung der chemischen Zusammensetzung des Gases.

Oft sind diese Gesetzmäßigkeiten lediglich aus Analogieschlüssen zu Lagerstätten mit hohem Abbaugrad ähnlichen oder gleichen Typs mit entsprechender Wahrscheinlichkeit ableitbar.

Für die weiteren Darlegungen sind folgende Festlegungen notwendig:

1. Es wird reines Gasexpansionsregime angenommen, d. h., der Lagerstättendruckabfall pro Entnahmeeinheit ist konstant.
2. Die Förderrate pro Zeiteinheit ist konstant.
3. Die Phasenpermeabilität ist konstant.

Unter Berücksichtigung dieser Annahmen ist die kumulative Fördermenge (Q_{kum}) definiert durch die Gleichung:

$$Q_{\text{kum}} = \frac{Q}{365}\, t \tag{1}$$

Der laufende Lagerstättendruck entspricht der Gleichung:

$$P_{LL} = P_L - \frac{Q \cdot P_L}{365\, V} \cdot t \tag{2}$$

Dabei ist:

$$V = \frac{\text{Entnahmeeinheit}}{at \text{ Lagerstättendruckabfall}}$$ (ausbringbarer Vorrat nach SHDANOW)

oder: $V = Va \cdot \eta$

Der laufende Fließdruck (P_{FIL}) läßt sich u. a. aus folgender Gleichung errechnen:

$$P_{FIL} = \sqrt{P_{LL}^2 - (aq + bq^2)} \tag{3}$$

Dabei ist:

$$q = \frac{Q}{365\,\mathrm{m}}$$

Der Sondenkopfdruck (P_{KL}) errechnet sich mit hinreichender Genauigkeit aus der Gleichung:

$$P_{KL} = \frac{P_{FIL}^2 - \Theta\, q^2}{e^2 S} \qquad (4)$$

Dabei ist:

$$\Theta = 1{,}377\ \lambda\ \frac{T_m^2 \cdot Z_m^2}{D^5}\ (e^2 S - 1)$$

$$S = 0{,}03415\ \frac{h \cdot \bar{\gamma}}{T_L \cdot Z}$$

Die Symbole der Gleichungen haben folgende Bedeutung und Dimensionen:

Va = anstehender Lagerstättenvorrat (m^3 i. N.);
V = ausbringbarer Vorrat (nach SHDANOW) (m^3 i. N.);
Q = jährliche Förderrate (m^3 i. N.);
m = Anzahl der Fördersonden;
q = tägliche Förderrate (m^3 i. N.);
Q_{kum} = kumulative Fördermenge (m^3 i. N.);
t = Förderzeit (Tage);
P_L = initialer Lagerstättendruck (at abs);
P_{FIL} = laufender Sohlenfließdruck (at abs);
P_{KL} = laufender Sondenkopfdruck im Fließzustand (at abs);
T_m = mittlere Sondentemperatur (°K);
Z_m = mittlere Abweichung vom idealen Gasgesetz;
D = Innendurchmesser der Steigrohre (cm);
h = Sondenteufe (m);
$\bar{\gamma}$ = relative Dichte des Gases;
λ = Reibungsbeiwert;
η = Ausbringungskoeffizient (Teile von 1);
Z = Abweichung vom idealen Gasgesetz unter Lagerstättenbedingungen;
a, b = Leistungskoeffizienten der Fördersonden.

Überprüfung des Modells und Bemerkungen

Die Gleichungen (3), (4) wurden mehrfach durch Analytik in Förderung befindlicher Felder untersucht. Dabei wurde festgestellt, daß die Rückdruckmessung den Anforderungen bei schlecht permeablen Speichern nicht genügt. Durch Anwendung des Isochronaltestes, der die Ermittlung stabilisierter Leistungscharakteristiken gestattet, konnte der Wahrscheinlichkeitsgrad der Prognoseparameter wesentlich erhöht werden. 1962 wurde der Abbau einer Erdgaslagerstätte des Staßfurt-Karbonats in Thüringen nach obenbeschriebenem Modell prognostiziert. Bis heute war keine Korrektur der vorausberechneten Parameter notwendig. Das bedeutet, daß bereits 1962 eine sichere Prognose über 7 Jahre möglich war. In einem anderen Fall wurde eine Optimierung der Feldleistung entsprechend dem vorhandenen Sondenfonds durchgeführt. Es bleibt abzuwarten, ob die Berechnungen einen hohen Wahrscheinlichkeitsgrad besitzen.

Durch Abbauanalytik in Förderung befindlicher Felder können wesentliche Voraussetzungen für die Anwendung des Modells geschaffen werden, wie Klärung des Regimes von Lagerstätten, Entwicklung der Leistungsparameter von Sonden, Entwicklung der systematischen Verwässerung von Sonden und Feldern. In der vorliegenden Form besitzt das Modell einen stochastischen Charakter. Die einzelnen Gleichungen sind in jedem Fall entsprechend der jeweils herrschenden konkreten geologischen Situation durch Gleichungen, die die entsprechenden Verhältnisse realer charakterisieren, ersetzbar. Dabei kann die Fülle der mathematischen Lösungen auf reservoirmechanischem Sektor sinnvoll genutzt werden.

Grenzwertbetrachtungen der Veränderlichen m

Die Anzahl der Fördersonden beim Abbau von Lagerstätten hat Einfluß auf die Druckdifferenz, die zur Förderung einer bestimmten Menge notwendig ist. Dies drückt sich in der Gleichung aus:

$$P_{FIL}^2 = P_{LL}^2 - \left(\frac{aQ}{365\ \mathrm{m}} + \frac{b\,Q^2}{(365)^2}\right)$$

Für $m \to \infty$ ergibt sich daraus:

$$P_{FIL}{}^2 = P_{LL}{}^2, \quad \text{d. h.} \quad P_{FIL} = P_{LL}$$

Im Grenzfall $m = \infty$ ist auch $q = 0$.

Da in der Praxis natürlich nicht $m = \infty$, wohl aber sehr groß sein kann, ist für solche Fälle zu vermerken, daß

$$P_{FIL} = P_{LL} - \varepsilon_1 \ \text{und}\ q = \varepsilon_2$$

werden, wobei ε_1 und ε_2 sehr kleine positive Zahlen sind; es gilt also für sehr große m:

$$P_{FIL} \approx P_{LL} \ \text{und}\ q \approx 0$$

Teilsystem	Beeinflußbare Veränderliche	Nichtbeeinflußbare Veränderliche	Störgrößen
Lagerstättenvorrat u. Energiehaushalt	Effektiv ausbringbarer Vorrat	Anstehender Vorrat, theor. ausbringb. Vorrat, initialer Lagerstättendruck, initiale Lagerstättentemperatur, initiale Sättigungsverhältnisse, Chemismus der Speichermedien, Regime der Lagerstätte, systematische Verwässerung der Lagerstätte	Unter der Bedingung, daß alle Gesetzmäßigkeiten erkannt wurden, gibt es keine Störgrößen. Bisher ist ein Sekundärabbau bei Erdgaslagerstätten ungebräuchlich.
Fluß in der Schicht	Laufender Lagerstättendruck, Sondenanzahl, Förderrate, Fließdruck, Permeabilität und Porosität in der sondennahen Zone	Phasenpermeabilität, Permeabilität und Porosität der Lagerstätte, Mächtigkeit des Lagers, Kompressibilität des Förderguts	Instabilität der Schicht, Wasserzungen, Wasserkegel, Ausfällungen und Quellungen im sondennahen Raum; Maßnahmen zur Beseitigung von Störungen
Fluß in der Sonde	Fördergrenzdruck, Druckdifferenz zwischen Fließdruck u. Kopfdruck, Durchmesser der Steigrohre	Sondenteufe, mittlere Temperatur in der Sonde	Ausfällungen von Salzen u. Hydraten, techn. Defekte Maßnahmen zur Prophylaxe u. Beseitigung von Störungen

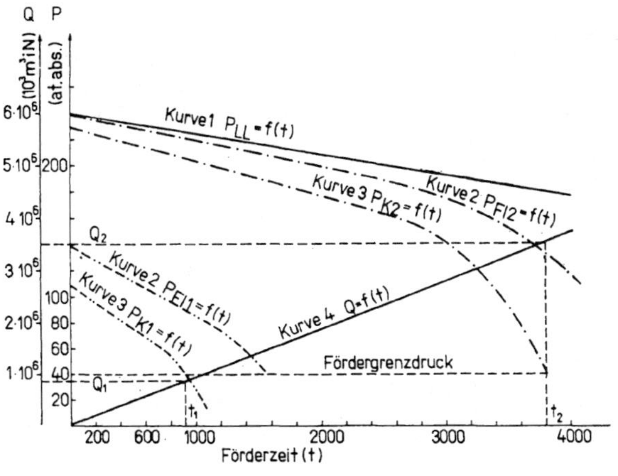

Abb. 2. Prognoseverlauf der Drücke einer Lagerstätte bei konstanter Förderrate

Im anderen Grenzfall $m = 1$ erhält man:

$$P_{FIL}^2 = P_{LL}^2 - \left(\frac{aQ}{365} + \frac{bQ^2}{365^2}\right); \quad q = \frac{Q}{365}$$

und somit eine maximale Druckdifferenz $P_{LL} - P_{FIL}$ und auch ein maximales q.

Für die Gleichung (4) ergibt sich bei gleichen Überlegungen:

$$P_{KL} \approx \frac{P_{FIL}}{e^2 S}$$ im Falle einer sehr großen Sondenzahl,

$$P_{KL} \approx \frac{P_{FIL}^2 - \frac{Q^2}{365^2}}{e^2 S}$$ bei einer Sondenzahl von $m = 1$.

Die Summe der Druckdifferenzen zur Förderung einer bestimmten Menge ist bei einer sehr großen Sondenanzahl minimal, bei einer Sondenanzahl von $m = 1$ maximal.

Optimierung der Sondenanzahl

Die aus den Modellen errechneten, in Abb. 2 dargestellten Kurven $Q_{kum} = f(t)$ und $P_{LL} = f(t)$ stellen fixe Kurven dar, d. h., sie sind durch die Anzahl von Bohrungen in ihrem Verlauf nicht beeinflußbar. Ihr Verlauf wird lediglich durch die Änderung der Größe der geplanten Förderleistung bestimmt, wobei angenommen wird, daß alle Gesetzmäßigkeiten der Entwicklung der Förderung richtig erfaßt werden. Auf den Verlauf der Kurven $P_{FIL} = f(t)$ und $P_{KL} = f(t)$ übt die Sondenanzahl einen sehr großen Einfluß aus.

Nach der Grenzwertbetrachtung ist der Abstand der Kurve $P_{KIL} = f(t)$ von den Kurven $P_{FIL} = f(t)$ und $P_{LL} = f(t)$ bei einer Sondenanzahl von $m = 1$ am größten, die bei konstanter Leistung ausbringbare kumulative Menge am kleinsten [s. Abb. 2, Kurven $P_{FIL1} = f(t)$ und $P_{KL1} = f(t)$].

Im Falle einer unendlich großen Sondenzahl ist die Differenz zwischen den Kurven $P_{LL} = f(t)$ und $P_{FIL} = f(t)$ gleich Null, die Differenz zwischen den Kurven $P_{KIL} = f(t)$ und $P_{FIL} = f(t)$ minimal; die bei gleicher konstanter Förderrate ausbringbaren Mengen sind am größten [s. Abb. 2, Kurven $P_{FIL2} = f(t)$ und $P_{KL2} = f(t)$].

Die Annäherung der Kurven bei Vergrößerung der Sondenanzahl verläuft asymptotisch. Zwischen den extremen Möglichkeiten gibt es nur eine, die optimal ist. Theoretisch kann die Förderung mit einer konstanten Leistung so lange betrieben werden, bis der Sondenkopfdruck im Fließzustand genau so groß ist wie der Fördergrenzdruck (s. Abschn. 2.). Errichtet man auf den jeweiligen Schnittpunkten des Fördergrenzdrucks mit den Kurven der Kopfdrücke eine Parallele zur Ordinate, sind im Schnittpunkt der Parallelen mit der Kurve $Q_{kum} = f(t)$ die unter den gegebenen Förderbedingungen gewinnbaren Erdgasmengen und auf der Abszisse die jeweilige Förderzeit abgreifbar (s. Abb. 2). Durch systematisches Verändern der Sondenzahl im Modell wird eine Reihe von Berechnungen durchgeführt. Durch Auftragung der Sondenanzahl m über die jeweils gewinnbare Erdgasmenge erhält man Abb. 3. Entsprechend der ökonomischen Beziehung

$$G = E_M \cdot Q_{kum} - m \cdot K_I \tag{5}$$

läßt sich in die Koordinaten eine Gerade einzeichnen, bei der $G = 0$ ist. Dabei sind: E_M — Erlös je Mengeneinheit, K_I — Investkosten je Sonde, G — Pseudogewinn.

Der größte Abstand der Geraden von der Kurve $m = f(Q_{kum})$ kennzeichnet das Betriebsoptimum für die Förderperiode des Feldes. Der Gewinn ist bei entsprechenden Bedingungen maximal. Auf der Ordinate ist die optimale Sondenanzahl, die zur Förderung notwendig ist, abgreifbar.

4. Anwendungsmöglichkeiten des Modells (Abb. 4)

Der Prozeß des Abbaus von Lagerstätten verläuft in mehreren Etappen. Die einzelnen Stadien sind dadurch gekennzeichnet, daß die Informationen hinsichtlich ihrer Semantik und Pragmatik vom Prognose- bis zum Förderstadium ständig aussagefähiger werden, so daß die objektive Realität in ihrem Wesen bekannter wird.

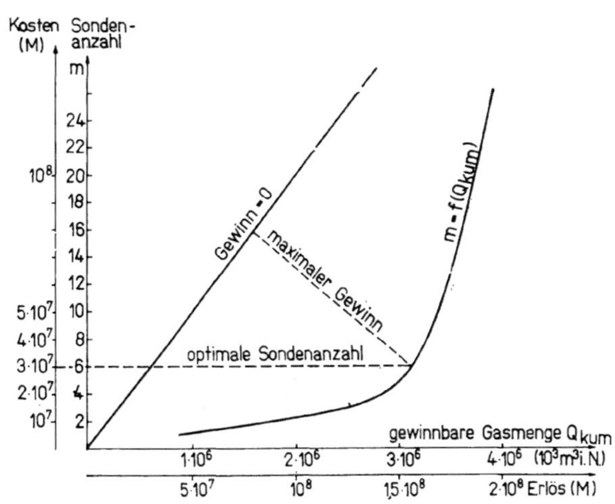

Abb. 3. Graphische Ermittlung eines optimalen Betriebszustandes

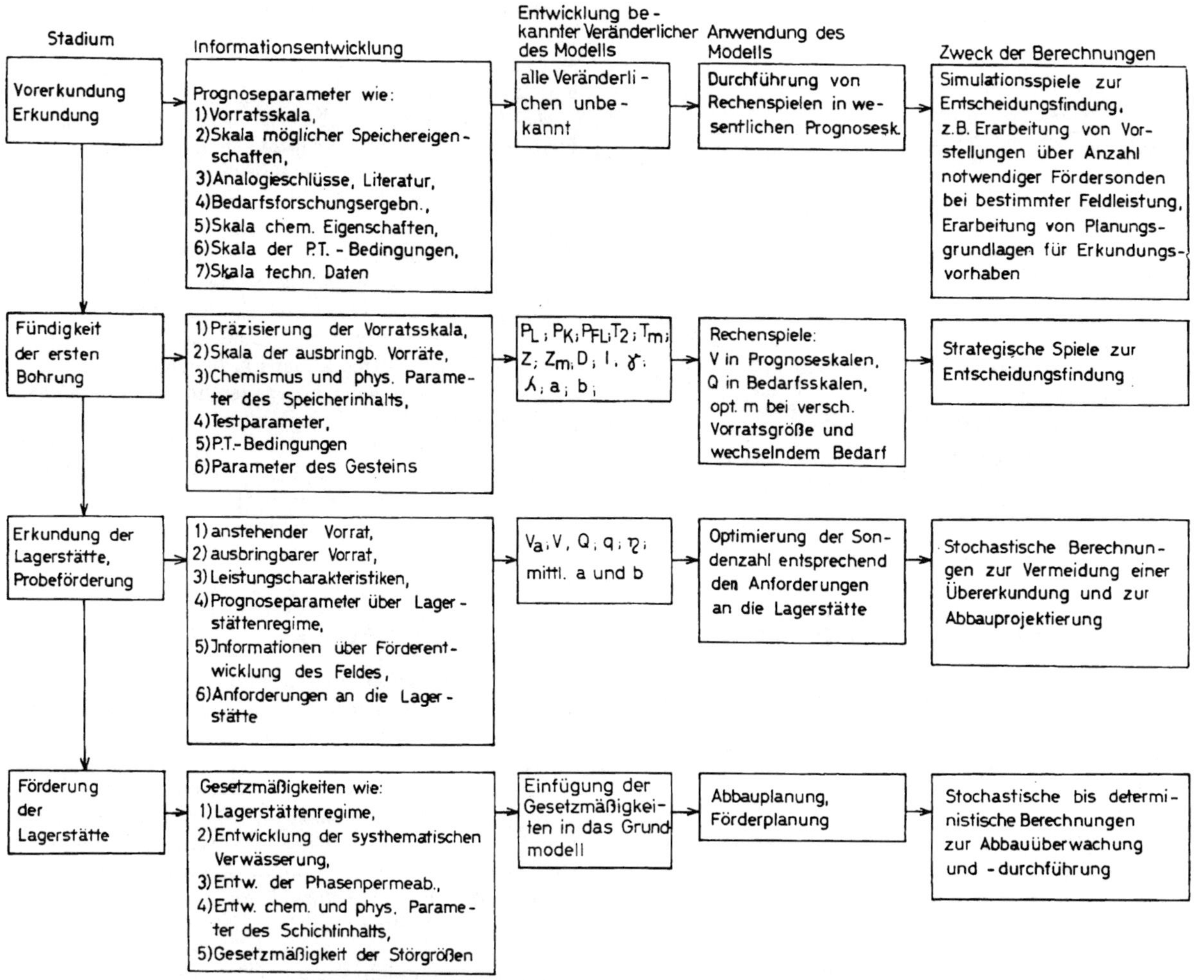

Abb. 4. Anwendung des Modells beim Abbau von Lagerstätten

Prinzipiell können alle Parameter der Gleichung 1—5 auf ihren Einfluß auf das Optimum überprüft werden.

In Abb. 5 z. B. sind Ergebnisse von strategischen Spielen dargestellt worden, wobei lediglich Testparameter und technische Daten von Sonden als konstante Größen in Rechnung gingen. Aus Abb. 5 ist die Abhängigkeit der optimalen Sondenanzahl bei einer bestimmten Vorratsskala bei einer bestimmten Skala der jährlich konstanten Förderleistung und dem dazugehörigen Zeitabschnitt der ersten Abbauperiode des Feldes abgreifbar. Der Erkundungsgeologe wird dadurch in die Lage versetzt, bereits im Stadium der Erkundung die Anzahl der später notwendigen Fördersonden entsprechend seinem Erkenntnisstand abzuschätzen. Es sei jedoch bemerkt, daß eine derartige Anwendung des Modells große Gefahren in sich birgt.

Nach Abschluß der Erkundung sollte die optimale Sondenanzahl noch nicht erreicht bzw. überschritten sein. Der erste Abschnitt des Lagerstättenabbaus muß mit einer für die Förderung minimal notwendigen Sondenanzahl beginnen. Durch Ermittlung der Zeitwerte (Abschn. 3.), in der mit einer bestimmten Sondenanzahl eine konstante Rate gefördert werden kann, entsteht der Bohrplan für die Erdgaslagerstätte (Abb. 6). Während des Abbaus der Lagerstätte werden alle Parameter auf ihre Zuverlässigkeit überprüft und entsprechend korrigiert, so daß der Abbauplan in der Endkonsequenz, der objektiven Realität Rechnung tragend, optimal ist.

Nach dem ersten wichtigsten Abschnitt des Lagerstättenabbaus kann die Förderung entweder mit ständig sinkender Leistung oder mit einer neuen niedrigeren konstanten Förderrate weiterbetrieben werden. Die neue Förderrate kann über den vorhandenen Sonden-

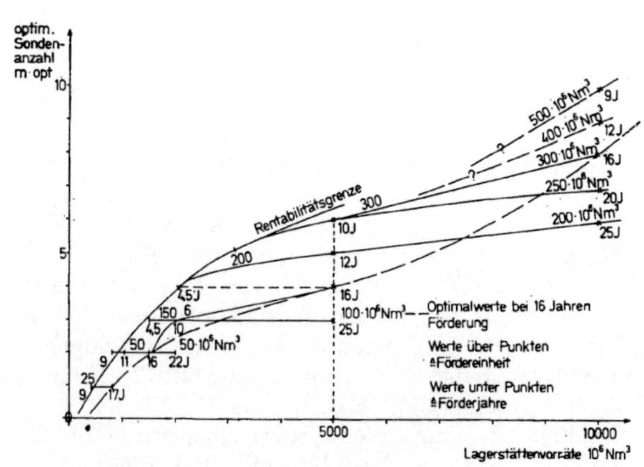

Abb. 5. Optimale Betriebszustände in einer Vorratsskala

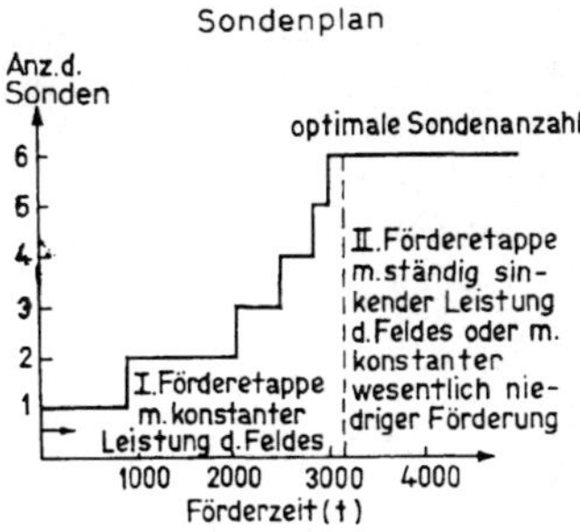

Abb. 6. Bohrplan

fonds optimiert werden. In ökonomischem Sinne ist die Förderung einer Lagerstätte so lange durchführbar, bis die Unterhaltungs- und Überwachungskosten je Zeiteinheit größer werden als der Erlös je Zeiteinheit.

Ist die Größe von Parametern der Gleichungen in ihrem Verhältnis zu anderen im konkreten Falle extrem, wird das Betriebsoptimum durch die hervortretenden Parameter bestimmt, z. B.:

a) Die Leistungseigenschaften einer Sonde sind ausgezeichnet, die Vorratssituation jedoch ungünstig.
In diesem Falle kann das Betriebsoptimum mit einer einzigen Sonde realisiert werden.
b) Die anstehenden Vorräte sind sehr groß, die Leistungsparameter sind günstig, der Bedarf ist niedrig. Unter diesen Bedingungen wird die zur Förderung notwendige Sondenanzahl durch Kapazitätsanforderungen bestimmt.

5. Durchführung der Optimierung

Der für die Optimierung notwendige Rechenaufwand ist manuell zeitaufwendig. Je nach dem Stand der Erkundung einer Lagerstätte und dem Stand von Vereinbarungen über die zu fördernden Erdgasmengen müssen unter Umständen 100 oder mehr Rechenvarianten durchgeführt werden. Aus diesem Grund wurde obenbeschriebenes Modell für die Rechenautomaten ZRA 1 und Cellatron SER 2c programmiert.

Die Rechenautomaten liefern in kurzer Zeit folgende Tabelle:

Förderzeit (t)	kumultative Fördermenge (Q_{kum})	laufender Lagerstättendruck (P_{LL})	laufender Fließdruck (P_{FIL})	laufender Kopfdruck (P_{KL})

Die Interpretation des Materials ist kurzzeitig manuell durch Abgreifen entsprechender Werte aus den Tabellen durch Sachbearbeiter durchführbar.

Zusammenfassung

In obenstehender Arbeit wird eine Methode für die Ermittlung einer optimalen Sondenanzahl in Abhängigkeit von der Vorratsgröße, der Förderleistung des Feldes, der Leistungseigenschaften der Sonden und bestimmten technischen und geologischen Voraussetzungen für den Abbau von Erdgaslagerstätten dargelegt. Die Optimierung kann bei Vorhandensein fundierter Lagerstättenparameter durch Rechenautomaten und mit geringem manuellem Aufwand durchgeführt werden.

Резюме

В данной работе описывается метод для вычисления оптимального количества зондов в зависимости от количества запасов, продуктивности нефтяной площади, производительных свойств зондов и определенных технических и геологических предпосылок для эксплуатации месторождений газа. При наличии обоснованных параметров месторождения оптимирование может производиться вычислительными автоматами и при небольшой затрате работ ручным способом.

Summary

A method is described for determining an optimum number of bore holes as dependent on the extent of resources, output of the field, output properties of the bore holes, and certain technical and geological mining conditions of natural gas deposits. In the presence of well-founded deposit parameters the optimisation can be realized by means of automatic computers and with low manual labour.

Literatur

CHURCHMANN, ACKOFF & ARNOFF: Operations Research. Eine Einführung in die Unternehmensforschung. — Verl. Die Wirtschaft, Berlin 1968.
KATZ, D. L.: Handbook of Natural Gas Engineering, kap. 11. New York 1959.
KATZUNG, K. P., & G. LENK: Das technologische Förderregime, ein wichtiges Hilfsmittel beim Abbau von Erdgaslagerstätten. — Z. angew. Geol., 13, 2, Berlin 1967.
KOROTAJEW, J. P., & A. P. POLJANSKIJ: Ekspluatazija Gasowych Skwajin. — Gostoptechisdat, S. 173–215, 222–238, Moskau 1961.
SHDANOW, M. A.: Methoden der Berechnung von Lagerstättenvorräten an Erdöl und Erdgas. — Akademie-Verl., Berlin 1963.

M. F. KASCHIRZEWA & G. D. TROSTJANSKIJ

Molybdän in einer Uran-Infiltrationslagerstätte

Referiert von W. REMUS, Berlin

Die Entstehung von Uran-Infiltrationslagerstätten wurden in den letzten Jahren von zahlreichen Autoren behandelt (SHOW 1958, GERMANOW 1960, JEWSEJEWA & PERELMAN 1962, KATAYAMA 1964, KASCHIRZEWA 1964, BATULIN u. a. 1965). In allen Arbeiten wird gezeigt, daß sich Prozesse, die mit der Tätigkeit der Infiltration sauerstoffhaltiger Wässer verbunden sind, in wasserdurchlässigen grauen, vorwiegend sandigen Serien entwickeln, die zwischen wasserstauenden tonigen Gesteinen eingeschlossen sind. Sauerstoffhaltige Wässer begünstigen, indem sie mit dem Nebengestein in Wechselbeziehung stehen, Schichtoxydation. Die Erzbildung verläuft am Kontakt der grauen zu den oxydierten Gesteinen. Zuweilen wird die Uranvererzung von einer Selenvererzung begleitet.

Auf einer der Lagerstätten gelang es den Verfassern, außer der Uran-Selen-Vererzung auch eine Molybdänmineralisation zu untersuchen.

Die das Erz umgebende Folge wird von feinkörnigen sandigen Gesteinen verschiedener Durchlässigkeit vertreten. Die wasserdurchlässigen erzführenden Schichtglieder

Aus: „Geologija rudnych mestoroshdenij", Bd. X, H. 3, S. 79–86 (1968).
Übers.: H. HOCKE, ZGI, Berlin.

werden von schwachdurchlässigen sandig-tonigen und tonigen Gesteinen überlagert. Die unterschiedliche Durchlässigkeit der das Erz umgebenden Folgen wird hauptsächlich durch den Gehalt an Karbonat und tonigem Material bestimmt.

Sauerstoffhaltige hydrogenkarbonatische oder sulfatische Infiltrationswässer ändern bei der Bewegung durch die Gesteinsfolgen wesentlich ihre hydrochemische Charakteristik, wobei sie mit den verschiedenen Komponenten des Gesteins (hauptsächlich mit Eisensulfiden) in Wechselbeziehung stehen. Dabei tritt auch eine Beeinflussung der Nebengesteine auf, was zur Bildung einer epigenetischen Zonalität in ihnen führt. Nach der Bewegungsrichtung der Schichtwässer können die Zone der Schichtoxydation, die Zone der Uranvererzung und die epigenetisch nichtoxydierten erzlosen Gesteine unterschieden werden (KASCHIRZEWA 1964, BATULIN u. a. 1965).

Räumlich sind innerhalb der das Erz umgebenden Schicht Molybdän, Uran und Selen getrennt angeordnet. Molybdän konzentriert sich hauptsächlich im Gebiet des Uranhofes, d. h., in der epigenetischen Zonalität ist diese Vererzung am weitesten von der Auskeilungsgrenze der Zone der Schichtoxydation entfernt.

Nach den Angaben der qualitativen Serienbemusterung der Gesteine folgen die Hauptakkumulationen von Molybdän dem oberen Teil der wasserdurchlässigen Serie, die aus schwachkalkigen grauen Sanden besteht. Hier beträgt der Molybdängehalt 0,01—0,05%. Bedeutend seltener sind erhöhte Molybdängehalte in kalkigen Sandsteinen zu beobachten. In der Zone der Schichtoxydation sind dagegen fast keine Molybdänkonzentrationen anzutreffen. Die größten Molybdängehalte (bis zu 0,1—0,3%) sind in den lockeren dunkelfarbenen Gesteinspartien zu beobachten, die eine unregelmäßige, oft nestartige Form haben und ungleichmäßig im Gestein verteilt sind. Die Abmessungen solcher Nester erreichen 10—15 cm Durchmesser.

Konzentrationen von Molybdänmineralien ähneln den Uranschwärzen. Durch diese schwarzen staubartigen Anflüge auf den verschiedenen Gesteinskomponenten nimmt das zuvor hellgraue oder grünlich-graue Gestein eine dunkelgraue bis grauschwarze oder schwarze Farbe an. Die Molybdänmineralisation ließ sich infolge der Dispersität der Ausfällung der Minerale schwer erkennen. Die optische Untersuchung ergab keine positiven Ergebnisse.

Betrachtet man das räumliche Gebundensein der Molybdänkonzentration im Gesamtschema der epigenetischen Zonalität, so ergibt sich, daß die Zone des Übergangs von oxydierenden zu reduzierenden Verhältnissen charakteristisch ist. In den Gesteinen drückt sich das im Übergang der Oxidform zur Sulfidform aus, in Schichtwässern durch die Veränderung des Eh-Wertes, durch das Verschwinden von Sauerstoff usw. Eine Veränderung der geochemischen Bedingungen bestimmt die geochemischen Besonderheiten und den Stoffbestand in den epigenetischen Zonen. In der Zone der Schichtoxydation befindet sich Eisen in Oxidform als Goethit, Hydrogoethit, in seltenen Fällen als Hämatit und Hydrohämatit. Das Vorhandensein dieser Minerale bedingt die helle Farbe der Gesteine (von hellgelb bis rotbraun). Die nichtoxydierten Gesteine, die unter den oxydierten Gesteinen liegen, werden durch die Entwicklung von Eisensulfiden (Pyrit, Markasit) charakterisiert. Die Gesteine weisen hier graue bzw. graugrünliche Farben auf, die ein Merkmal des Reduktionsmediums sind.

Die Zone des Übergangs von den oxydierenden zu den reduzierenden Verhältnissen ist eine geochemische Barriere auf dem Wege der Migration sowohl des Urans wie auch vieler anderer Elemente, insbesondere des Selens und Molybdäns (JEWSEJEWA, PERELMAN 1962; PERELMAN 1965). Faktoren, die die Reduktion, die Fällung und die Stabilität dieser Elemente kontrollieren, sind die Eh- und pH-Werte. Eine unterschiedliche Stabilität der U-, Mo- und Se-Verbindungen, abhängig von den Eh- und pH-Werten, führt zur Bildung der mineralogischen Zonalität. So muß infolge der physikalisch-chemischen Eigenschaften anfangs Selen (bei einem positiven Eh-Wert) ausfallen, d. h. noch unter oxydierenden Verhältnissen; danach fällt bei einem negativen Eh-Wert Uran und dann Molybdän aus. Im Zusammenhang damit wird in Richtung von den oxydierten Gesteinen zu den nichtoxydierten anfangs die Selenvererzung fixiert, die der Uranvererzung vorangeht. Selen konzentriert sich im inneren Teil des konkretionsartigen Urankörpers, wobei es im Erz und im wesentlichen außerhalb des inneren Teils in Richtung der oxydierten Gesteine lokalisiert wird. Im Gesamtschema der Zonalität liegt Selen zum größten Teil auf der Auskeilung der Oxydationszone (Subzonen der teilweisen und unvollständigen Oxydation) und in der Subzone des Erzkörpers der Zone der Uranakkumulation (KASCHIRZEWA 1964). Die Selenmineralisation ist durch gediegenes γ-Selen vertreten.

Die Uranvererzung umsäumt die Auskeilung der Zone der Schichtoxydation, die in den grauen nichtoxydierten Gesteinen am Kontakt mit den oxydierten liegt oder zuweilen etwas hinter ihr zurückbleibt. Die Uranmineralisation wird durch regenerierte Uranschwärzen, seltener durch Nasturan ausgedrückt.

Die Molybdänmineralisation bildet den Abschluß in der Reihe der epigenetischen Neubildungen. Im Unterschied zur Selenvererzung sind erhöhte Molybdängehalte in den äußeren Teilen der rollenartigen Urankonkretionen im Erz sowie auch im wesentlichen außerhalb seiner Grenzen zu beobachten. In der epigenetischen Zonalität wird der Hauptteil des Molybdäns außerhalb des Umrisses nach der Uranvererzung lokalisiert, wobei sie in den kontaktnahen Abschnitten die Subzone des Uranhofes und teilweise die Subzone des Erzkörpers überdeckt. In der Zone der Schichtoxydation ist Molybdän nur in Einzelfällen anzutreffen. Im Grundriß und im Profil verhält sich die Molybdänmineralisation in bezug auf die Zone der Schichtoxydation ähnlich wie die Uranvererzung. Die Lage dieser oder jener Vererzung wird von der Grenze der Zone der Schichtoxydation bestimmt. Oft wird Molybdän isomorph von Rhenium verdrängt. Für sedimentäre Rheniumvorkommen ist seine enge paragenetische Assoziation mit Molybdän und anderen Schwermetallen spezifisch.

Die durchgeführte Untersuchung der Molybdänmineralisation in einem konkretionsartigen Erzkörper erlaubt die Feststellung, daß sie durch Jordisit mit Ilsemannit vertreten ist. Jordisit ist ein primäres Mineral, Ilsemannit offensichtlich ein Produkt seiner Veränderung. Die räumliche Lage der Mineralisation wird von den geochemischen Besonderheiten des Elements und von der Auskeilungsgrenze der Zonen der Schichtoxydation kontrolliert. Im Übergang von oxydierenden zu reduzierenden Verhältnissen läßt sich folgende Reihe epigenetischer Veränderungen beobachten, die in bezug auf die Auskeilung der Zone der Schichtoxydation gesetzmäßig gelegen sind: oxydierte Gesteine, Selen-, Uran-, Molybdänvererzung. Dies bedeutet, daß die Molybdänmineralisation in der epigenetischen Zonalität im Vergleich zu Uran und Selen die entfernteste Lage in bezug auf die Auskeilungsgrenze der Zone der Schichtoxydation einnimmt.

In Molybdänerzen sind erhöhte Rheniumgehalte anzutreffen, was beim komplexen Abbau der Erze industrielle Bedeutung hat und eine weitere detailliertere Untersuchung erforderlich macht.

Inkohlung und mechanische Deformation

Abgehandelt am Erhaltungszustand organischer Mikrofossilien

Gusti Burmann, Berlin

(Mitteilung aus dem Zentralen Geologischen Institut, Berlin)

1. Einführung

Die Schwierigkeit, Mikroplankton im Vor- und Altpaläozoikum des thüringisch—sächsischen Raumes nachzuweisen, wird durch die weitgehende Inkohlung der organischen Mikroreste sowie ihre mechanische Deformation hervorgerufen. Im Bereich der Saxothuringischen Zone des variszischen Faltungsgebietes liegen damit überaus ungünstige Erhaltungs- und Untersuchungsbedingungen für organische Mikrofossilien vor.

Versuche, Mikroplankton in stärker beanspruchten Sedimenten nachzuweisen, sind nicht neu. Besonders verdient gemacht hat sich A. Eisenack durch seine Untersuchungen an inkohlten organischen Mikrofossilien (Chitinozoen, Hystrichosphären) aus dem Ordovizium des Rheinischen Schiefergebirges (1939) und Böhmens (1948). In diesem Zusammenhang ist auch der Nachweis von Hystrichosphären aus dem Silur und Devon des Frankenwaldes durch D. Sannemann (1955) anzuführen. Erfolgreiche Aufbereitungsversuche waren jedoch fast ausnahmslos auf Sedimente begrenzt, in denen die inkohlten organischen Mikrofossilien vorzugsweise räumlich erhalten sind (Ausfüllung der Innenräume durch Gele, schnelle Verfestigung und geringes Setzungsvermögen des Sediments) und gleichzeitig weitgehend vor tektonischer Durchbewegung geschützt werden. Tonsedimente dagegen galten als ungeeignetes Ausgangsmaterial (Eisenack 1948, S. 5) für den Nachweis organischer Mikrofossilien in tektonisch beanspruchten Gebieten — sie weisen ein starkes Setzungsvermögen auf, das die planimetrische Erhaltung der Formen bedingt, und reagieren labil auf tektonischen Druck.

Da die vorsilurischen Sedimente im thüringisch—sächsischen Raume makrofaunistisch (Graptolithen, Trilobiten) nur wenig charakterisiert sind und andere Untersuchungsmethoden (Conodonten, Ostracoden) nur für bestimmte Sedimente (Kalke, Eisenerzhorizonte) anwendbar sind, war es notwendig, auch die weitverbreiteten Schiefer (Thüringisch—Vogtländisches „Schiefergebirge“) auf ihren möglichen Gehalt an organischen Mikrofossilien zu prüfen. Deshalb wurde 1963 im Zentralen Geologischen Institut, Berlin, mit der systematischen Untersuchung der Erhaltungsbedingungen von organischen Mikrofossilien, insbesondere Hystrichosphären, in Schiefern begonnen (Burmann 1965).

2. Inkohlung und Mosaikzerlegung (Deformationssprung)

Das Mikroplankton verschiedener untersuchter Fundpunkte aus Thüringen, der Lausitz und dem Harz war erhöhter Temperatureinwirkung und tangentialem Druck ausgesetzt. Der Erhaltungszustand der organischen Mikrofossilien hängt jeweils vom Intensitätsgrad dieser Faktoren ab.

Die Temperaturerhöhung führt zur I n k o h l u n g der organischen Mikroreste, die durch Farbintensivierung bzw. auch Schwarzfärbung (Anthrazitisierung) zu belegen ist. Der tangentiale Druck bewirkt die m o s a i k a r t i g e Z e r l e g u n g (als Begleiterscheinung der inneren Gesteinsdeformation) der in den Schiefern planimetrisch erhaltenen organischen Mikrofossilien (Algenfetzen, Hystrichosphären, Chitinozoen).

Der mechanischen Deformation sind dabei nicht nur die auf den Schichtflächen liegenden Formen unterworfen, die unmittelbar von den Transversalschieferungsflächen geschnitten und zerschert werden. Vielmehr ist die mosaikartige Zerlegung der zwischen den Schieferungsflächen liegenden organischen Mikrofossilien ein Ausdruck für die tektonische (innere) Gesteinsdeformation, die den Mikrobereich erfaßt. Bereits von Breddin (1956, S. 255) war ein entsprechendes Verhalten von Exinithäutchen in Kohlen vermutet worden, ohne daß sich ein Beleg dafür erbringen ließ. Die organischen Mikrofossilien der hier untersuchten Fundpunkte weisen Risse auf, die systemartig angeordnet sind und in gesetzmäßiger Beziehung zu den das Gestein durchziehenden Transversalschieferungsflächen stehen. In den meisten Fällen sind die planimetrisch erhaltenen organischen Mikrofossilien durch zwei Rißsysteme zerlegt, die senkrecht zueinander stehen. Eines dieser Rißsysteme verläuft senkrecht zu den Schieferungsflächen s_1, d. h., es liegt in der Verkürzungsrichtung c und ist damit als Dehnungssystem aufzufassen. Das zweite System verläuft parallel zu den Schnittlinien von s_1 und ss. Ob beide Systeme entwickelt sind, läßt sich nur anhand einer größeren Anzahl von Mikrofossilien entscheiden, da nicht jeder Mikrorest beide Systeme aufzuweisen

Eingang des Manuskripts in der Redaktion: 26. 3. 1969.

braucht. Auch reagieren verschiedene Gruppen von Mikroresten in Abhängigkeit von der Wandstärke, Verfaltungen, Größe, Morphologie und Lage durch unterschiedliche Ausbildung der Rißsysteme. Während dünnwandige, großflächige Algenfetzen gewöhnlich zu einem sehr feinen und dichten Mosaiksystem zerlegt sind, werden größere Chitinozoen oft von einem gut ausgeprägten, weniger dichten Spaltensystem zerlegt. Die vergleichsweise relativ kleinen und häufig verfalteten Hystrichosphären weisen dagegen nur einzelne Risse auf, deren Anlage noch häufig durch die Morphologie stark beeinflußt wird. Die systemhafte Lage der Risse ergibt sich aber aus dem Vergleich mehrerer Formen. Bei den schmalen Fadenalgen ist meist nur das senkrecht zur Längsachse liegende System gut entwickelt.

Die systemhafte Anordnung der Risse spricht gegen ihre Deutung als Schwundrisse oder zufällige Entstehung während der Präparation. Sie weisen auf einen eindeutigen Zusammenhang mit der inneren Gesteinsdeformation hin.

Die mittlere Spaltenbreite hängt vom Grad der inneren Gesteinsdeformation ab (Auslängungsbetrag). Feine Haarrisse, bereits systemhaft angeordnet, treten schon bei großflächigen Formen auf (Algenfetzen, Leiovalia), die noch einen mittleren Inkohlungsgrad (Braunfärbung, etwa K-Stadium)[1]) aufweisen. In dem umgebenden Tonstein sind makroskopisch und mikroskopisch noch keine Anzeichen von Schieferung erkennbar, so daß hier durch die Deformationserscheinungen der organischen Mikrofossilien die innere Gesteinsdeformation (planare Deformation nach BREDDIN 1967, S. 8, bei gleich großer Auslängung in allen Richtungen der Deformationsebene $\perp$ *c*) bereits vor dem Auftreten der Schieferung nachweisbar ist.

Beim Vorliegen echter Schieferungserscheinungen im Gestein ist die Rißbildung ausgeprägter, die Spaltenbreite nimmt zu, und erfahrungsgemäß ist der Inkohlungsgrad höher und entspricht etwa bereits dem Magerkohlen- (T-) oder Anthrazitstadium (PA, A).

Die Rißanlage bei planarer Deformation der organischen Mikrofossilien setzt außer dem tangentialen Druck den Verlust der im unveränderten Erhaltungszustand elastischen Eigenschaften, d. h. den Eintritt von Sprödigkeit im Verlauf des Inkohlungsprozesses, voraus. Aus der Kohlenpetrographie ist bekannt (I. I. AMMOSOW u. a. 1961, S. 80; 1963, S. 180, 183; 1965, S. 22), daß die Mikrosprödigkeit der Steinkohlen ein Maximum im Bereich des Inkohlungsstadiums der Fettkohlen (Kokskohlen) aufweist, dem ein Minimum an submikroskopischem Porenraum entspricht. Die Klüftigkeit der Kohle ist durch ein Maximum im Bereich PSh—K—KO—PS gekennzeichnet. Dem entspricht auch ein Elastizitätsminimum bei Kohlen mit einem Gehalt von 14—24% FB (Stadium der Fett- und Eßkohlen, K und PS) (SHEMTSCHUSHNIKOW u. a. 1960, S. 202). Für die Einzelkomponente Vitrinit ist gleichfalls bekannt, daß das Sprödigkeitsmaximum im Stadium der Fettkohlen (K) liegt (AMMOSOW u. a. 1963, S. 181). Obgleich man diese Angaben nicht unmittelbar auf das Verhalten der Mikrokomponente Exinit (dem das Phytoplankton auf Grund der ähnlichen chemischen Zusammensetzung mit den Sporen etwa entsprechen würde) übertragen kann, geben sie doch einen Anhaltspunkt über die Verhaltensweise. Außerdem erfolgt mit steigendem Inkohlungsgrad eine zunehmende Angleichung in der chemischen Zusammensetzung und den physikalischen Eigenschaften der Komponenten. So erfolgt z. B. nach KRÖGER (in PICKHARDT & ROBOCK 1965, S. 48) die Angleichung des Reflexionsvermögens vom Exinit an das des Vitrinits bei <18% FB ($R_0 = 1{,}6\%$), d. h., sie ist im Eßkohlenstadium erreicht.

Wie bekannt, weist der Exinit bei einem Gehalt von 29—30% FB (STACH 1953) einen Inkohlungssprung an der Grenze der Stadien Gaskohle (PSh)/Fettkohle (K) auf. Dem entspricht nach PATTEISKY & TEICHMÜLLER (1960, S. 103, 137) auch eine natürliche Inkohlungsgrenze (Inkohlungsknick) für den Vitrinit bei 87% C und 29% FB.

Das Erreichen dieses Inkohlungssprungs, der nach diesen Autoren mit einer „relativ plötzlich einsetzenden Wasserstoffabgabe in Form von Methan" in Zusammenhang gebracht wird, ist mit Voraussetzung für den Wechsel der physikalischen Eigenschaften des Exinits. Dieser Wechsel tritt allgemein auch bei den anderen organischen Komponenten ein (Pflanzenhäcksel, Chitinozoen), so daß er nicht allein auf den Inkohlungssprung des Exinits zu beziehen ist, sondern

---

[1]) Die hier angeführten Abkürzungen für die Inkohlungsstadien entsprechen dem bei den sowjetischen Kohlenpetrographen üblichen Gliederungsschema. Nach freundlicher Mitteilung von L. I. SARBEJEWA sind für die einzelnen Stadien folgende Prozentgehalte an Flüchtigen Bestandteilen (FB) kennzeichnend: D > 42, G 35—42, Sh 27—35, K 18—27, OS 13—18, T 7—13, PA 5—7, A < 5. Statt der älteren Bezeichnungen P Sh und PS sind jetzt Sh und OS gebräuchlich. Da diese Stadienbezeichnungen in der Wortbedeutung nicht immer den deutschen Bezeichnungen nach dem FB-Gehalt entsprechen, wurden keine wörtlichen Übersetzungen angeführt.

Tafel 1

Abb. 1—7. Richtungsbeständige Mosaikzerlegung von Hystrichosphären (1, 2, 4, 5) und Chitinozoen (3, 6, 7) durch innere Deformation im silurischen Tonschiefer der Bohrung NSL 19/63 (Lippen), Pr. 13 (463—465 m) durch zwei senkrechte Systeme von Mikrorissen in der Schichtebene. Die Formen sind in natürlicher Orientierung zueinander abgebildet. Abb. 1—5 zeigen ein Dehnungssystem, Abb. 6 und 7 weisen zusätzlich ein zweites, schwächer entwickeltes Rißsystem auf. Abb. 6 läßt die Beeinflussung der Rißanlage durch die Morphologie (schmal, Längserstreckung) erkennen. Makroskopisch und mikroskopisch keine Schieferungserscheinungen erkennbar. Erst bei gekreuzten Nicols feine sekundäre Paralleltextur nachweisbar, die senkrecht zum stark ausgeprägten Dehnungssystem orientiert ist. KTZ (Kreuztischzahl)

Sämtliche Abb. wurden aus drucktechnischen Gründen nachträglich geringfügig verkleinert.

(1) Li XI /45e; S 1115/64; KTZ 14,0/126,9; 1000×
(2) Li XII /46e; S 1115/64; KTZ 17,5/126,1; 1000×
(3) Li XIII/53e; S 1115/64; KTZ 11,5/123,4; 650×
(4) Li XV /60 ; S 1115/64; KTZ 11,9/131,7; 1000×
(5) Li XIV/58e; S 1115/64; KTZ 14,2/129.6; 1000×
(6) Li XV /59e; S 1115/64; KTZ 8,2/130,9; 650×
(7) Li VI /17h; S 105/64; KTZ 6,0/137,6; 650×

Abb. 8 u. 9. Innendeformierte Chitinozoen aus dem Ordovizium

(8) Ch 9/55c; A 29; S 1007/64; KTZ 16×5/124,0; 650,
(9) Ch 13/92b; R 197; S 1796/65; KTZ 4,5/131,7; 440×

Tafel 2

Abb. 1—5. Innendeformierte Chitinozoen (1—3, 5) und Leiovalia (4) aus dem Ordovizium

(1) Ch 9/ 53c; A 29; S 1007/64; KTZ 9,0/117,6; 440×
(2) Ch 14/103a; R 68; S 64/65; KTZ 18,0/132,4; 220×
(3) Ch 14/ 97b; R 80; S 1429/66; KTZ 17,7/117,5; 220×
(4) Ch 13/ 94e; R 139; S 1814/65; KTZ 18,0/127,2; 220×
(5) Ch 13/ 93b; R 197; S 1796/65; KTZ 8,8/128,6; 220×

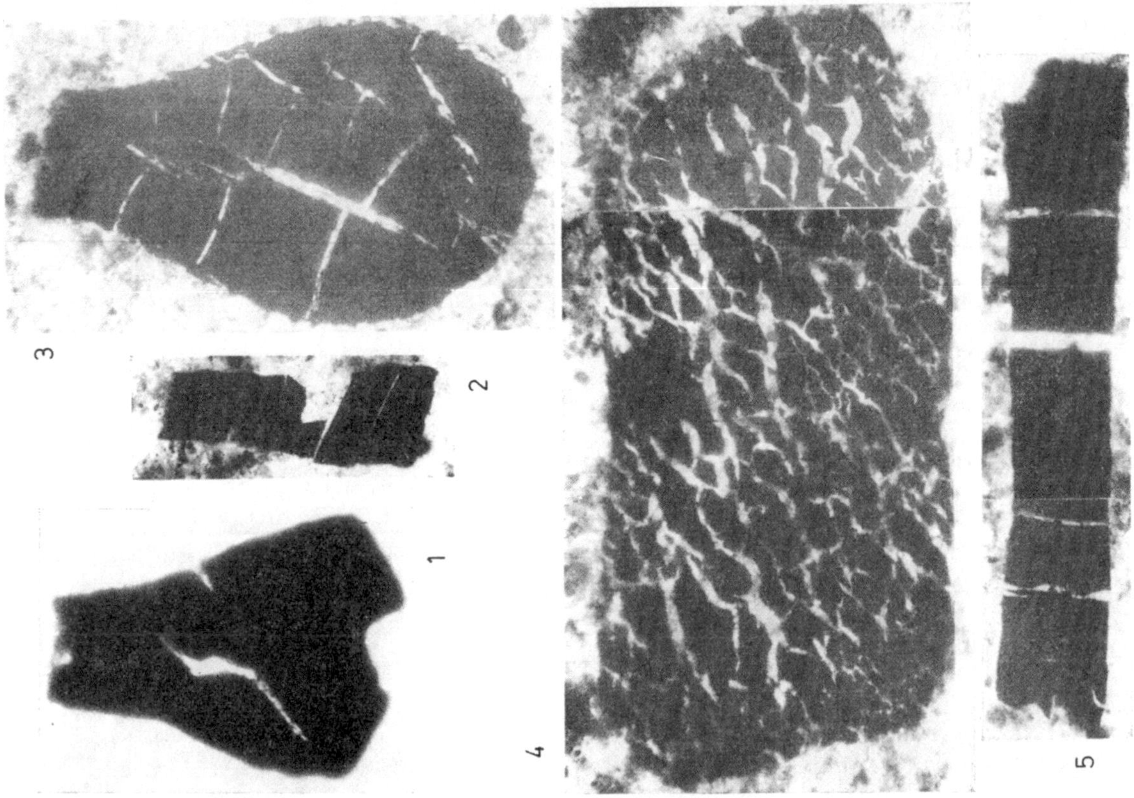

Tafel 2

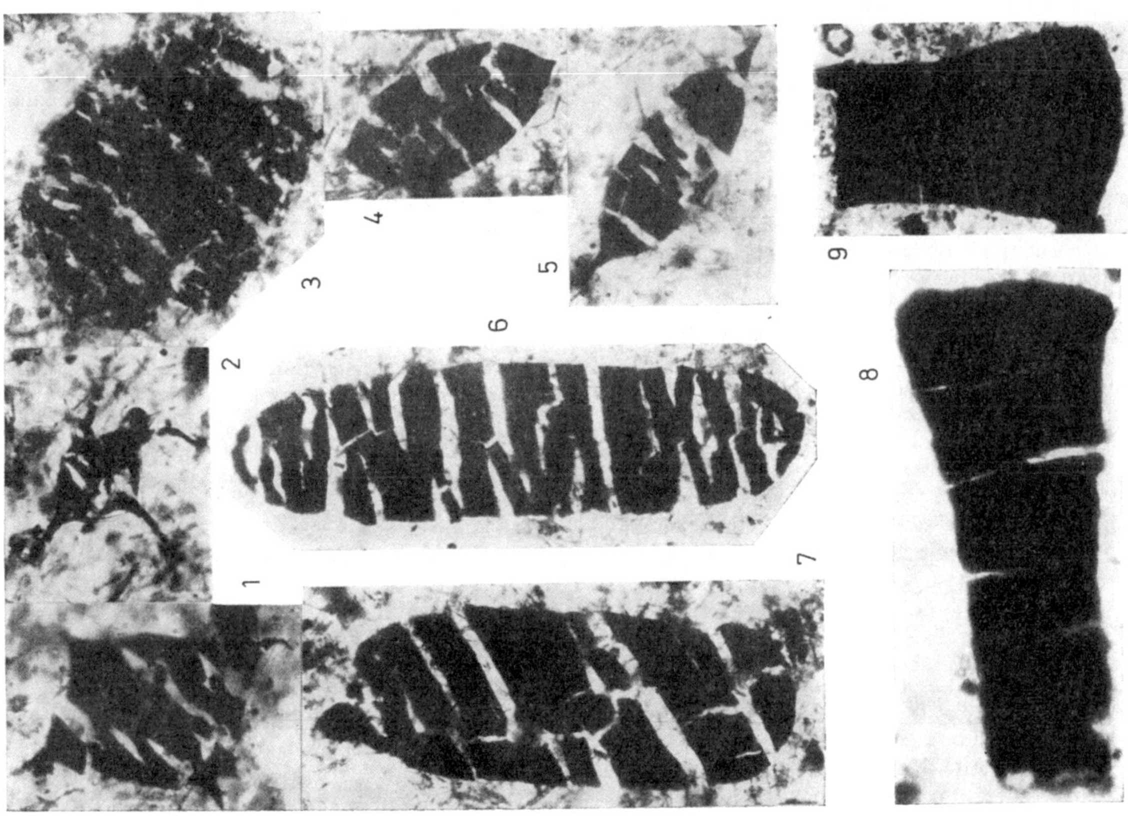

Tafel 1

Tafel 3

Abb. 1—6. Stark innendeformierte Chitinozoen aus dem Griffelschiefer von Unterhermsgrün (Vogtland) (Bl. Adorf). Im Chiastolith-Tonschiefer aus Fundpunktnähe drei Schieferungssysteme nachweisbar, am Fundpunkt ausgeprägte Parallelschieferung bei weniger deutlicher Entwicklung der Transversalschieferung; allseitig-flächenhafte „Vergrößerung" der Mikroreste durch Mosaikzerlegung

(1) Ch 4/20e; S 74/66 (Fr.); KTZ 15,8/133,7; 440×
(2) Ch 4/23b; S 72/66 (Fr.); KTZ 19,5/107,7; 220×
(3) Ch 7/37b; S 737/65; 151.459; KTZ 18,0/118,2; 220×
(4) Ch 7/41; S 734/65; 151.456; KTZ 15,5/125,0; 220×
(5) Ch 4/26a; S 72/66 (Fr.); KTZ 5,8/107,2; 90×
(6) Ch 6/33e; S 731/65; 151.453; KTZ 18,5/111,1; 220×

Tafel 4

Abb. 1—5. Stark innendeformierte Chitinozoen aus dem Griffelschiefer von Unterhermsgrün (Vogtland) (Bl. Adorf), s. Taf. 3

(1) Ch 5/30c; S 62/66 (Fr.); KTZ 2,5/118,4; 440×
(2) Ch 2/ 6b; S 85/66 (Fr.); KTZ 8,8/120,3; 440×
(3) Ch 5/28b; S 64/66 (Fr.); KTZ 5,8/133,0; 220×
(4) Ch 7/42b; S 734/65 (Fr.); 151.456; KTZ 231,1/121,5; 220×
(5) Ch 7/36a; S 740/65; 151.462 KTZ 14,2/123,5; 220×

Abb. 6. Sehr stark innendeformierter Rest einer stacheltragenden Chitinozoe aus dem Chiastolith-Tonschiefer („Spilosit") von Unterhermsgrün (Vogtland). Neben Parallelschieferung zwei transversale Schieferungssysteme im Schliff nachweisbar

Ch 8/45b; S 1452/65; KTZ 21,1/110,8; 220×

---

allgemein mit strukturellen Änderungen der organischen Substanz im Laufe des Inkohlungsprozesses in Verbindung gebracht werden muß. Da aber das Sichtbarwerden der im Verlauf des Inkohlungsprozesses auftretenden spröden Eigenschaften an den tangentialen Druck bzw. einsetzende planare Deformation gebunden ist, ist es zweckmäßig, diese auffällige Erscheinung, die im Gegensatz zum Inkohlungssprung alle organischen Mikrokomponenten (auch Pflanzenhäcksel) in auffälliger Weise betrifft, als Deformationssprung zu bezeichnen.

Der Deformationssprung setzt einen Mindestinkohlungsgrad (bereits oberhalb des Inkohlungssprunges) und tangentialen Druck, der zur planaren Deformation führt, voraus. Er äußert sich in systemgebundener (d. h. richtungsbeständiger) Rißbildung bis mosaikartiger Zerlegung der organischen Mikrofossilien und tritt (als Ausdruck der beginnenden planaren Deformation) bereits vor der Anlage deutlicher Schieferungsflächen in Erscheinung. Beim Vorliegen von Schieferungsflächen weisen Rißbildung und Mosaikzerlegung in der Anlage eine gesetzmäßige Beziehung zu denselben auf (Richtungsgebundenheit).

In transversalgeschieferten Gesteinen ($s_1 \wedge ss$, z. B. Caminaberg) liegen in der Regel zwei senkrecht zueinander stehende Rißsysteme vor, die zumeist unterschiedlich ausgeprägt sind. Das System $\parallel c$ ($\perp$ zur Schnittkante s_1/ss) weist gewöhnlich eine größere Spaltenbreite auf und ist damit als Dehnungssystem erkennbar. Je geringer im Mikrobereich der Abstand zwischen den Transversalschieferungsflächen, desto größer ist der Anteil der Formen, die unmittelbar auf der Schnittlinie s_1/ss zerstört werden. Bei weitschariger Schieferung ist dieser Anteil sehr gering. Die Mehrzahl der Formen ist jedoch unabhängig vom Abstand der Schieferungsflächen der Rißbildung durch innere Gesteinsformation ausgesetzt.

In parallelgeschieferten Gesteinen ($s_1 \parallel ss$, z. B. Oberdevon P 22 zwischen Treseburg und Altenbrak, Harz; Griffelschiefer von Unterhermsgrün) tritt eine allseitig-flächenhafte Vergrößerung des Gesamtumrisses der Mikroreste in der Ebene der Schieferung durch intensive mosaikartige Zerlegung auf.

Die Systemgebundenheit tritt hier offenbar weniger in Erscheinung bzw. ist an den untersuchten Objekten nicht mit Sicherheit auszumachen, da der Ausweitungsbetrag immer recht bedeutsam war oder sich noch ein zweites Schieferungssystem $s_2 \wedge ss$ belegen ließ, auf das richtungsgebundene Risse bezogen werden konnten. Es ist deshalb angebrachter, allgemein und insbesondere in Zweifelsfällen von Mosaikzerlegung zu sprechen und Spaltenbreite sowie Richtungsgebundenheit von Mikrorissen im einzelnen zu charakterisieren.

Eine planolineare Deformation (BREDDIN 1964, S. 8), die bei Vorhandensein zweier transversaler Schieferungssysteme theoretisch zur Ausbildung von diagonal verlaufenden Rißsystemen in den organischen Mikrofossilien führen könnte, läßt sich wegen der Kleinheit der Reste nur in Einzelfällen mit Bestimmtheit nachweisen (z. B. Chiastolithtonschiefer von Unterhermsgrün mit zwei Systemen von transversalen Schieferungsflächen). In diesen Fällen sind die der weitständigeren Schieferung s_2 zuzuordnenden, nur an einzelnen Formen sicher nachweisbaren Mikrorisse ($\perp$ zur Schnittlinie s_2/ss) schmaler und verlaufen diagonal zu den Rißsystemen, die parallel oder senkrecht zur Schnittlinie s_1/ss liegen.

Da einerseits nicht alle Reste bei der planaren Deformation Rißbildung aufweisen, andererseits beim Auftreten planolinearer Deformation bereits deformierte Objekte erneut beansprucht werden können (Rißbildung bei s_2 diagonal oder parallel zu den an s_1 gebundenen Rissen in Abhängigkeit von der Lage s_1/s_2), überwiegen beim größten Teil der Formen Richtungsgebundenheit an s_1 oder weitgehende mosaikartige Zerstückelung. Naturgemäß wird die das 2. Schieferungssystem begleitende mechanische Deformation der Mikrofossilien bereits weniger deutlich in Erscheinung treten.

Die planare Deformation der organischen Mikrofossilien beruht deshalb weniger auf einer plastischen Verformung durch Plättung als auf Rißbildung unter Druckeinwirkung infolge Sprödigkeit der organischen Substanz. Die organischen Mikrofossilien eignen sich gleichfalls wie die Makrofossilien zur Charakterisierung des Deformationsgrades, da die Ursprungsmaße der Form in unmittelbaren Vergleich mit der durch Mosaikzerlegung bedingten jetzigen Umrißlage zu setzen sind. Voraussetzung ist allerdings die Berechnung eines Mittelwertes für zahlreiche, möglichst gleichartige Formen.

3. Einzelbeispiele

Erhaltungszustand im Ordoviz des Vogtlandes

Im günstigsten Griffelschieferfundpunkt des Vogtlandes (Unterhermsgrün, Blatt Adorf) sind im mikroskopischen Bild mehrere Schieferungssysteme nachweisbar; lokal sind die Schiefer auch in der Nähe von Diabasintrusiva kontaktmetamorph umgewandelt. Makroskopisch tritt die Parallelschieferung an der Entnahmestelle am stärksten in Erscheinung. Diesem Überwiegen

Tafel 4

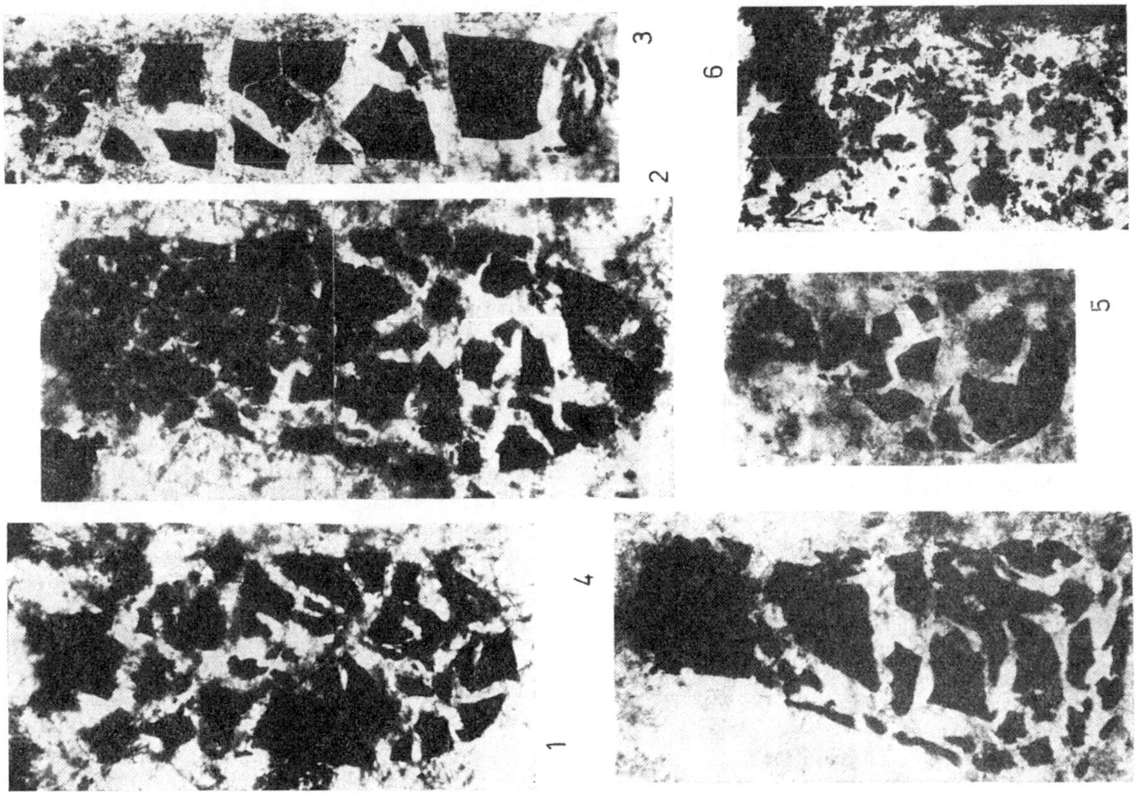

1 2 3 4 5 6

Tafel 3

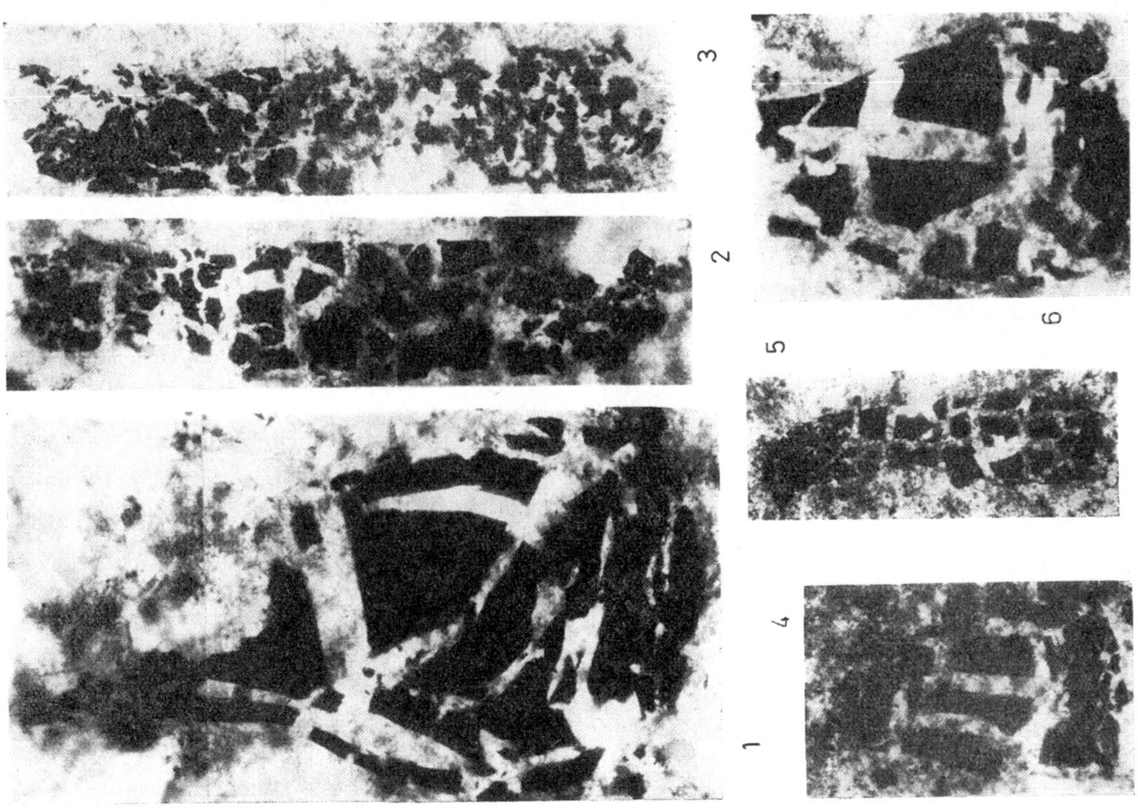

1 2 3 4 5 6

der Parallelschieferung entspricht auch die in der Regel deutliche Mosaikzerlegung (große Rißweite) mit allseitig-flächenhafter Vergrößerung der Formen.

Einen hohen Inkohlungsgrad (Anthrazitstadium) und deutliche Mosaikzerlegung weisen auch die Mikroreste von Wildenfels, der Brg. Zeitz 7 aus dem Untergrund Jena—Leipzig, von Wittmannsgereuth und der Vorlandbohrungen im Thüringer Becken auf.

Erhaltungszustand im Devon des Harzes

Aus dem Harz lagen u. a. devonische Tonschiefer aus der weiteren Umgebung von Blankenburg (Blankenburger Faltenzone; P 22, Straße Treseburg—Altenbrak) und aus der Schieferhülle des Elbingeröder Komplexes (P 23, Straße Blankenburg—Hüttenrode, leg. ZIMMERMANN) vor, die Parallelschieferung aufweisen. Die Schwarzfärbung der hier vorliegenden Sporen belegt einen hohen Inkohlungsgrad (Anthrazitstadium); mitunter weisen die Sporen auch noch einen allerdings schwachen Braunton auf. Die Formen sind mosaikartig zerlegt, die Rißweite ist jedoch deutlich geringer als bei den Mikroresten aus dem Griffelschiefer des Vogtlandes. Einen ähnlichen Erhaltungszustand weisen auch Leiosphären (Schwarzfärbung, sehr feine Mosaikzerlegung) aus dem Kieselschiefer der Adorf-Stufe (Pr. H 1) und Sporen sowie Pflanzenhäcksel der Selkegrauwacke (Pr. H. 5, leg. L. SCHMIDT) aus der Selke-Mulde auf.

Inkohlte und durch Risse zerlegte kleinwüchsige Hystrichosphären sind in devonischen Tonschiefern aus dem Nassetal (Pr. 3/5) bei Questenberg in der Wippraer Zone und in der Brg. Ahrendfeld (Blankenburger Faltenzone; P 15, leg. LUTZENS) nachgewiesen. In der Brg. Ahrendfeld ist ein deutliches Dehnungssystem von Mikrorissen in den Formen senkrecht zu den Transversalschieferungsflächen entwickelt, während das zweite Mikrorißsystem parallel zu den Transversalschieferungsflächen kaum ausgeprägt ist.

Erhaltungszustand in der Lausitzer Grauwackenformation

Der Zusammenhang der mosaikartigen Zerlegung organischer Mikrofossilien mit der inneren Gesteinsdeformation, die am auffallendsten in der Schieferung in Erscheinung tritt, sowie einem hohen Inkohlungsgrad läßt sich auch an den präkambrischen Mikroresten aus der Lausitzer Grauwackenformation demonstrieren. Entsprechend dem hohen Inkohlungsgrad (Thermo- bzw. Kontaktmetamorphose) ist die spröde organische Substanz in der Regel von nur feinen Rissen durchsetzt, die mit einem relativ geringen Grad innerer Gesteinsdeformation in Zusammenhang stehen dürften.

Infolge vorwiegend statischer Kontaktmetamorphose der Lausitzer Grauwackenformation hat das Gestein einen entsprechenden Verhärtungsgrad erreicht. Da die Lausitzer Grauwacke nur gefaltet, aber im wesentlichen unbedeutend geschiefert ist, sind breite oder systemartig angeordnete Risse, die eine deutliche planare Deformation belegen würden, nicht ausgeprägt. Diese Erscheinung wird besonders deutlich im Vergleich mit morphologisch gleichartigen präkambrischen Mikroresten aus dem Thüringischen Schiefergebirge, die deutlich planar defomiert sind. Sie bilden dort ein weitspaltiges Mosaik mit deutlich hervortretender Richtungsgebundenheit der Mikrorisse. Die nur feinspaltige Mosaikzerlegung kann auch im Bereich der Lausitzer Grauwackenformation Intensitätsunterschiede aufweisen, erreicht aber nicht die für das Schiefergebirge kennzeichnenden Ausweitungsabstände oder ausgeprägte Richtungsbeständigkeit.

Erhaltungszustand im Silur der Lausitz

In der NSL-Bohrung 19/63 (Lippen, Pr. 13) ist das Mikroplankton braun gefärbt (etwa K-PS-Stadium), und Chitinozoen wie Hystrichosphären sind durch ein sehr deutliches Rißsystem zerlegt. Ein zweites System von Mikrorissen senkrecht zum ersten ist seltener durch schmale Risse angedeutet. An der zugehörigen Gesteinsprobe sind makroskopisch und im Mikrobereich keine Schieferungsflächen erkennbar. Nur bei gekreuzten Nicols ist auf den Schichtflächen eine feine sekundäre Paralleltextur (z. T. Einregelung feiner Glimmerplättchen erkennbar) angedeutet, die der Schieferungsrichtung bei Transversalschieferung entsprechen würde. Parallel dazu verläuft das nur schwach entwickelte zweite Rißsystem, senkrecht dazu das sehr deutlich ausgeprägte Mikrorißsystem, das als Dehnungssystem aufzufassen ist. An diesem Beispiel wird besonders deutlich, wie empfindlich die organische Substanz während der inneren Gesteinsdeformation bereits in einem Stadium reagiert, in dem das umgebende Gestein erst eine sekundäre Paralleltextur auszubilden beginnt, d. h. Schieferungsflächen noch fehlen.

Diese Beobachtung an organischen Mikrofossilien stimmt weitgehend überein mit den Ergebnissen von I. I. AMMOSOW u. a. (1965, S. 22): „Kohlen als empfindlicherer Indikator gegenüber einer Veränderung der thermodynamischen Bedingungen reagieren etwas früher als die sie umgebenden Gesteine. Das Maximum an Sprödigkeit tritt bei den Kohlen im K-Stadium auf, aber bei den Gesteinen ..." im Stadium PS und T als Ergebnis einer starken Bildung spröder Glimmer (1965, S. 19). Der Beginn des Auftretens echter Schiefertextur soll an das Stadium der Halbanthrazite (PA) gebunden sein (1965, S. 20).

Die organischen Mikrofossilien erweisen sich damit als empfindlicher Indikator nicht nur für Temperaturerhöhungen, sondern auch für tangentialen Druck bei innerer Gesteinsdeformation, da sie bereits das Frühstadium der planaren Deformation (noch vor dem Auftreten von Schieferungserscheinungen) anzeigen.

4. Regionale Aussage

Vergleichende Untersuchungen über den Erhaltungszustand organischer Mikrofossilien im Saxothuringikum, Lugikum und dem Altpaläozoikum des Harzes ergeben, daß der Inkohlungsgrad und die mechanische Deformation der organischen Mikroreste von der geologischen Position des Gebietes abhängen. Charakteristisch für das Saxothuringikum ist, daß sowohl im Bereich der Phyllittektonik als auch der Schiefergebirgstektonik das Mikroplankton einen relativ hohen Inkohlungsgrad aufweist; es ist ohne Ausnahme schwarz gefärbt (Anthrazitstadium). Das trifft sowohl auf das Probenmaterial von Bl. Adorf (Vogtland) im Süden wie auch auf die Vorlandbohrungen zu. Bei regionalem

Auftreten von Schieferung darf man daher mit Sicherheit auf einen hohen Inkohlungsgrad schließen. Die innere Gesteinsdeformation, deren sichtbarste Erscheinungsweise die Schieferung ist, bedingt hier die intensive Mosaikzerlegung der organischen Mikroreste (Ausbildung zweier Systeme von Mikrorissen bzw. allseitig flächenhafter Vergrößerung bei Schiefergebirgstektonik).

Im Unterschied zu den Verhältnissen (starke Inkohlung und Deformation) im Saxothuringikum weisen der Inkohlungs- und Deformationsgrad der organischen Mikroreste im Lugikum beträchtliche Differenzierungen auf. Ein hoher Inkohlungsgrad (Anthrazitstadium) ist hier in der Regel auf Thermo- bzw. Kontaktmetamorphose zurückzuführen. Dies trifft z. B. auf den größten Teil der Gesteine der Lausitzer Grauwackenformation zu. Die Begrenztheit dieser Erscheinung läßt sich innerhalb der Lausitzer Grauwackenformation durch die abweichenden Inkohlungsverhältnisse in der Brg. Rothstein I E belegen, in denen das Mikroplankton nur einen mittleren Inkohlungsgrad aufweist. Diese Aussage läßt sich dann auch auf die unter- und mittelkambrischen Sedimente der Synklinale Torgau—Doberlug—Göllnitz erweitern, in denen der Inkohlungsgrad des Mikroplanktons relativ gering ist. Wird jedoch beginnende Mosaikzerlegung (Deformationssprung) beobachtet, so kann dies als Hinweis dafür gelten, daß der Inkohlungssprung bereits überschritten ist. Die mechanische Deformation der Mikroreste aus der Lausitzer Grauwackenformation ist, bedingt durch die vorwiegend statische Kontaktmetamorphose und das weitgehende Fehlen ausgeprägter Schieferungserscheinungen (Argillite), relativ gering. Zwar ist das Mikroplankton der Argillite infolge spröder Reaktion der organischen Substanz mosaikartig zerlegt, doch ist die Breite der Mikrorisse gering, und ihre Richtungsgebundenheit ist weniger deutlich ausgeprägt.

Ein recht buntes Bild ergibt sich für die Verhältnisse in den Bohrungen des Objektes Nordrand Sächsische Lausitz (NSL) und angrenzender Gebiete. Hier läßt sich sowohl Mikroplankton von mittlerem Inkohlungsgrad im Anfangsstadium der planaren Deformation (noch ohne makroskopische Schieferungserscheinungen) in der Brg. NSL 19/63 (Lippen) belegen als auch hochinkohltes (Schwarzfärbung, Anthrazitstadium) Mikroplankton mit breiten Mikrorissen bei Vorhandensein weitschariger Transversalschieferungsflächen aus der Brg. NSL 32/63 (Reichwalde).

Der Inkohlungsgrad des Mikroplanktons entspricht in diesem Gebiet offenbar den höheren Stadien der Inkohlungsreihe, und die Schwarzfärbung (Anthrazitstadium) ist wohl vorzugsweise an thermische Einwirkungen durch Kontaktkörper (Diabase) gebunden. Die durch die Mosaikzerlegung der organischen Mikroreste nachweisbare innere Gesteinsdeformation der Tonschiefer zeigt deutlich Intensitätsunterschiede. Da bei diesen Untersuchungen des intensiv verschuppten NSL-Gebietes bewußt weniger deformiertes Material ausgewählt wurde, kann über das Vorhandensein intensiver Schieferungserscheinungen keine Aussage getroffen werden. Dies ändert jedoch nichts an der relativ breiten Differenzierung im Inkohlungsgrad und der mechanischen Deformation der Mikroreste in der Lausitz.

Für das Saxothuringikum und Lugikum zeichnen sich damit Intensitätsunterschiede in der Inkohlung und mechanischen Deformation der organischen Mikroreste ab.

Sporen aus dem Oberdevon Belgiens sind vergleichsweise geringer inkohlt und lassen kaum Haarrisse erkennen. Die fehlende Mosaikzerlegung der Sporen erklärt die guten Aufbereitungsergebnisse durch M. STREEL (1966). Auch wenn Einzelproben nicht immer repräsentativ für ein größeres Gebiet sein können, so sind doch die Unterschiede im Erhaltungszustand (Inkohlungsgrad, fehlende bzw. ausgeprägte Mosaikzerlegung) organischer Mikroreste aus devonischen Peliten Belgiens und aus dem Saxothuringikum deutlich.

5. Allgemeines zum Erhaltungszustand

Zusammenfassend sei auf folgende Erscheinungen verwiesen, die im Zusammenhang mit dem Nachweis organischer Mikrofossilien in pelitischen Sedimenten beanspruchter Gebiete zu beobachten sind und den Erhaltungszustand bestimmen:

1. In pelitischen Sedimenten ist das Mikroplankton planimetrisch erhalten.

2. Die organische Substanz erfährt bei Temperaturerhöhung eine Änderung ihrer chemischen Zusammensetzung (Inkohlungsprozeß mit Inkohlungssprung) und physikalischen Eigenschaften (elastisch im nichtinkohlten, spröde im inkohlten Zustand).

3. Die organischen Mikrofossilien sind gleichermaßen wie das einbettende pelitische Gestein bei tangentialem Druck der inneren Gesteinsdeformation ausgesetzt. Das Einsetzen der planaren Verformung wird durch den Deformationssprung der bereits spröde reagierenden organischen Substanz angezeigt (Anlage systemgebundener Mikrorisse in den figurierten Komponenten). Der unmittelbaren Zerscherung durch Schieferungsflächen ist nur ein geringer Teil der Formen ausgesetzt, Rißbildung als Folge innerer Gesteinsdeformation, die den gesamten Mikrobereich erfaßt, weist dagegen (in Abhängigkeit von der Intensität) der größte Teil der Formen auf. Die Anlage von richtungsbeständigen Mikrorissen (Deformationssprung) setzt bereits im Anfangsstadium der planaren Verformung ein, indem die Schieferungsflächen noch nicht ausgeprägt sind. Bei Vorliegen von Schieferungsflächen weisen die Mikrorisse der organischen Komponenten eine gesetzmäßige Orientierung zu denselben auf.

4. Es besteht ein Zusammenhang zwischen dem Inkohlungsgrad und der planaren Verformung der organischen Mikroreste. Die Mikrorißbildung setzt erst oberhalb eines (mittleren) Mindestinkohlungsgrades ein: Der Inkohlungssprung muß bereits merklich überschritten sein, so daß die nunmehr spröde organische Substanz durch Rißbildung reagieren kann. Die Sprödigkeit ist nicht Ursache, aber Voraussetzung für die Mosaikzerlegung bei der inneren Gesteinsdeformation.

5. Die organischen Mikroreste sind deshalb sehr empfindliche Indikatoren sowohl für Temperaturerhöhungen innerhalb eines bestimmten Intervalls als auch für das Einsetzen der inneren Gesteinsdeformation. Die günstigsten Erhaltungsbedingungen für inkohlte Mikrofossilien in beanspruchten Gebieten zeich-

nen sich damit bei nur vorwiegender Wirkung eines Faktors ab (Druck oder Temperatur), d. h. z. B. bei nur statischer Kontaktmetamorphose oder bei intensiver innerer Gesteinsdeformation nur innerhalb der höheren Stadien der Inkohlungsreihe. Bei Regionalmetamorphose sind die Untersuchungsmöglichkeiten entsprechend geringer einzuschätzen. Die geologische Position eines Gebietes muß deshalb beachtet werden.

6. Es besteht ein Zusammenhang zwischen dem Grad der Mosaikzerlegung der organischen Mikroreste und dem Grad der inneren Gesteinsdeformation. Das Einsetzen der planaren Verformung wird durch den Deformationssprung angezeigt. Beim Anwachsen der inneren Gesteinsdeformation erfahren die Mikrorisse allgemein eine Spaltenverbreiterung.

7. Es gibt eine obere Grenze für die Nachweismöglichkeit von inkohlten figurierten Mikrokomponenten in pelitischen Sedimenten. Sie hängt vom Grad der metagenetischen bzw. metamorphen Umbildung des Gesteins ab, da bei blastischem Wachstum einzelner Minerale (z. B. Chiastolith-Porphyroblasten) oder Umbildung der gesamten Gesteinsgrundmasse (z. B. Biotitblastese) die organischen Komponenten als morphologische Einheiten zerstört (destruiert) werden und eine Umverteilung oder Umbildung erfahren können.

Zusammenfassung

In geologisch beanspruchten Gebieten sind die organischen Mikrofossilien erhöhten Temperatur- und Druckeinwirkungen ausgesetzt, die einerseits die Inkohlung, andererseits die Mosaikzerlegung der Mikroreste im Prozeß der inneren Gesteinsdeformation bedingen. Sie erweisen sich damit nicht nur als empfindlicher Indikator für erhöhte Temperatureinwirkung, sondern auch für die innere Gesteinsformation pelitischer Sedimente. Der Beginn der flächenhaften Verformung der organischen Mikroreste wird als Deformationssprung bezeichnet, der bereits einen mittleren Inkohlungsgrad (Überschreiten des Inkohlungssprunges) voraussetzt und sich in der richtungsbeständigen Anlage von Mikrorissen äußert. Die Mosaikzerlegung der organischen Mikroreste setzt bereits vor der Ausbildung von Schieferungsflächen ein. Die später erfolgende unmittelbare Zerscherung der Mikroreste an den Schnittkanten mit den Schieferungsflächen ist nur eine (sogar untergeordnete) Erscheinungsform, die zur Zerstörung der morphologischen Einheit von Mikroresten in pelitischen Sedimenten führt. Hauptursache, die die Zerstörung des morphologischen Zusammenhalts bedingt, ist die im Mikrobereich wirkende innere Gesteinsdeformation.

Für Gebiete unterschiedlicher geologischer Position zeichnen sich in Abhängigkeit von den pt-Bedingungen unterschiedliche Erhaltungsbedingungen ab, und den Nachweismöglichkeiten für organische Mikrofossilien in pelitischen Sedimenten sind dadurch Grenzen gesetzt.

Резюме

В геологически нарушенных районах органические микрофоссилии подвергаются воздействию повышенных температуры и давления, которые обусловливают, с одной стороны, углефикацию, с другой стороны, приводят к мозаичному расчленению микроостатков в процессе внутренней деформации породы. Они являются, таким образом, не только чувствительным индикатором температурных изменений, но и внутренней деформации пелитовых пород.

Начало плоскостной деформации органических микроостатков мы называем скачком деформации, при котором они уже находятся на средних стадиях углефикации (выше скачка углефикации) и появляются системообразно расположенные микротрещины. Мозаичное расчленение органических микроостатков может иметь место уже до начала проявления плоскостей сланцеватости. Последующая непосредственная деформация микроостатков в местах пересечения с плоскостями сланцеватости является лишь одной (даже второстепенной) формой проявления процесса, приводящего к разрушению морфологической целостности микроостатков в пелитовых породах. Главной причиной, обусловливающей разрушение их морфологической целостности, является всеобщая внутренняя деформация пелитовых пород.

Для районов различного геологического строения характерна различная сохранность в зависимости от действия факторов температуры и давления. Таким образом, возможности нахождения органических микрофоссилий в пелитовых породах в определенном понимании ограничены.

Summary

In geologically stressed areas organic microfossils are exposed to influences of increased temperature and pressure, by which, on the one hand, coalification is caused and, on the other, microremains are disintegrated within the process of internal rock deformation. Thus they do not only prove to be a sensitive indicator for increased temperature effects, but also for the internal rock deformation of pelitic sediments. The beginning of the surface deformation of organic microremains is designated as a fissure due to deformation which already presupposes a mean degree of coalification and which manifests itself in the development of microcracks showing a constant direction. The disintegration of organic microremains into mosaics begins already prior to the formation of cleavage planes. The immediate shearing of microremains in the direction of the cutting edges with the cleavage planes, which takes place afterwards, is only an (even minor) outward form which leads to a destruction of the morphological unit of microremains in pelitic sediments. The main cause which conditions a destruction of microremains in pelitic sediments is the internal rock deformation acting in the microrange.

For areas having a different geological position different conditions of preservation make themselves conspicuous as dependent on the pt conditions. As a result, possibilities of demonstrating organic microfossils in pelitic sediments are limited.

Literatur

ALBRECHT, K. H.: Zur Ausbildung und zum geologischen Bau des Paläozoikums auf Rügen. – Ber. dt. Ges. geol. Wiss., A, Geol. Paläont., **12**, 1/2, 149–164, Berlin 1967.

AMMOSOW, I. I., u. a.: Petrografitscheskije osobennosti i swoistwa uglej. – 380 S., Moskau 1963.

AMMOSOW, I. I., & S. I. MALININ: Stadii ismenenija uglej i wmeschtschajuschtschich porod. – Geologija uglej Sibiri i Dalnewo Wostoka, 5–26, Moskau 1965.

AMMOSOW, I. I., & TAN SJU-I: Stadii ismenenija uglej i paragenetitscheskije otnoschenija gorjutschich iskopajemych. – 119 S., Moskau 1961.

BREDDIN, H.: Die tektonische Deformation der Fossilien im Rheinischen Schiefergebirge. – Z. dt. geol. Ges., **106**, 227–305, Hannover 1956 [1956a].

– Tektonische Gesteinsdeformation im Karbongürtel Westdeutschlands und Süd-Limburgs. – Z. dt. geol. Ges., **107**, 232–260, Hannover 1956 [1956b].

– Tektonische Gesteinsdeformation im kaum gefalteten Karbon des Erkelenzer Steinkohlenreviers. – Neues Jb. Geol. Pal., Mh., 172–188, Stuttgart 1958.

– Die tektonische Deformation der Fossilien und Gesteine in der Molasse von St. Gallen (Schweiz). – Geol. Mitt., **4**, 1, 1–68, Aachen 1964.

– Quantitative Tektonik, 1. Teil, I. Einführung, II. Allgemeines über tektonische Verformungen. – Geol. Mitt., **7**, 2, 205–238, Aachen 1967.

BURMANN, G.: Zum Nachweis von Mikroplankton in tektonisch beanspruchten Gebieten. – Abh. Zentr. Geol. Inst., **1**, 303–313, Berlin 1965.

– Mikroreste aus der Lausitzer Grauwackenformation. – Mber. dt. Akad. Wiss., **8**, 3, 218–224, Berlin 1966.

– Organische Mikrofossilien in präkambrischen Sedimenten (Sachsen und Thüringen). – Mbr. dt. Akad. Wiss. (im Druck).

EISENACK, A.: Chitinozoen und Hystrichosphaerideen im Ordovizium des Rheinischen Schiefergebirges. – Senckenbergiana, **21**, 135–152, Frankfurt a. M. 1939.

– Mikrofossilien aus Kieselknollen des böhmischen Ordoviziums. – Senckenbergiana, **28**, 105–117, Frankfurt a. M. 1947/48.

FRANKE, D.: Der erste Aufschluß im tieferen Paläozoikum Norddeutschlands und seine Bedeutung für die tektonische Gliederung Mitteleuropas. – Jb. Geol., 1/1965, 119–165, Berlin 1967 [1967a].

– Zu den Varisziden und zum Problem der Kaledoniden im nördlichen Mitteleuropa. – Ber. dt. Ges. geol. Wiss., A, Geol. Paläont., **12**, 1/2, 83–140, Berlin 1967 [1967b].

JAEGER, H.: Graptolithen und Stratigraphie des jüngsten Thüringer Silurs. – Abh. dt. Akad. Wiss., Kl. Chemie, Geol. Biol., Jg. 1959, Nr. 2, 198 S., Berlin 1959.

JAEGER, H.: Ordoviz auf Rügen. Datierung und Vergleich mit anderen Gebieten (vorläufige Mitteilung). – Ber. dt. Ges. geol. Wiss., A, Geol. Paläont., 12, 1/2, 165–176, Berlin 1967.

LEHMANN, K., & E. STACH: Die praktische Bedeutung der Ruhrkohlenpetrographie. – Glückauf, 66, 289–299, Essen 1930.

PATTEISKY, K., & M. TEICHMÜLLER: Inkohlungsverlauf, Inkohlungsmaßstäbe und Klassifikation der Kohlen auf Grund von Vitrit-Analysen. – Brennstoff-Chemie, 41, 79–84 (Teil 1); 97–104 (Teil 2); 133–137 (Teil 3), Essen 1960.

PICKHARDT, W., & K. ROBOCK: Weiterentwicklung einer Apparatur zur photoelektrischen Messung der Reflexion und der Absorption. – Brennstoff-Chemie, 46, 44–48, Essen 1965.

SANNEMANN, D.: Hystrichosphaerideen aus dem Gotlandium und Mittel-Devon des Frankenwaldes und ihr Feinbau. – Senck. leth., 36, 321 bis 346, Frankfurt a. M. 1955.

SCHERER, F.: Geologisch-paläontologische Untersuchungen im Flysch und in der Molasse zwischen Thunersee und Eriz (Kt. Bern). – Beitr. Geol. Karte Schweiz, N. F., 127. Lfg., Bern 1966.

SHEMTSCHUSHNIKOW, J. A., & A. I. GINSBURG: Osnowy petrologii uglej. – 400 S., Moskau 1960.

STACH, E.: Der Inkohlungssprung im Ruhrkarbon. – Brennstoff-Chemie, 34, 353–355, Essen 1953.

STEIN, V.: Stratigraphische und paläontologische Untersuchungen im Silur des Frankenwaldes. – Neues Jb. Geol. Pal., Abh., 121, 2, 111–200, Stuttgart 1965.

Entwicklung und Erprobung eines neuen Ultraschallmeßplatzes zur Ermittlung der Schallgeschwindigkeit an Bohrkernen unter Feldbedingungen und unter erhöhtem Druck im Laboratorium[1]

INGRID SCHRAGE & FRIEDHELM SCHUPPE, Leipzig

(Mitteilung aus dem VEB Geophysik, Leipzig, Abteilung Petrophysik)

1. Einleitung

Die Kenntnis der physikalischen, insbesondere der elastischen Eigenschaften der Gesteine ist von großer Bedeutung für die Interpretation der seismischen Meßresultate sowie für praktische geologische, ingenieurgeologische und petrographisch-petrophysikalische Probleme. Zur Bestimmung der elastischen Parameter gibt es mehrere Verfahren, z. B. statische Methoden, Resonanzmethode etc. Für Routineuntersuchungen an Bohrkernmaterial ist die Methode der Messung der Laufzeit von Schallimpulsen am besten geeignet.

2. Problemstellung

Das aus unterschiedlichen Teufen zu entnehmende und für das dynamische Verfahren in Frage kommende Gesteinsmaterial (Bohrkerne) besitzt je nach verwendeter Bohrkrone verschiedene Durchmesser und z. T. recht geringe Längen. Entsprechend dem Verhältnis des Probendurchmessers und der Probenlänge zur Wellenlänge treten jedoch verschiedene Wellentypen auf (RENTSCH & KROMPHOLZ 1961; SILAJEWA 1962). Um eine longitudinale Welle zu erhalten, die sich mit einer der Wellengeschwindigkeit im unbegrenzten Medium entsprechenden Geschwindigkeit v_{PM} fortbewegt, müßten je nach verwendeter Meßfrequenz Probenkörper bestimmter Dimensionen hergestellt werden. Außerdem benötigt man zur Erzielung einer guten Ankopplung der gebräuchlichen Schallsender und -empfänger bearbeitete Stirnflächen der Gesteinsproben. Das Schneiden bzw. Ausbohren der Kerne sind in einem Routinemeßprogramm mit hohem Probendurchsatz außerordentlich zeitraubend und ökonomisch nicht vertretbar.

Die von uns anfangs benutzte Ultraschallapparatur der Fa. Rentsch, Pirna, die vom Herstellerbetrieb für Betonprüfungen gedacht war, erwies sich für unsere Zwecke als nicht zureichend. Bedingt durch die obere Grenzfrequenz (200 kHz) des Verstärkers der Apparatur, war der Einsatz höherfrequenter Geber undiskutabel und damit die Untersuchung von Proben geringer Dimensionen ausgeschlossen. Außerdem war die Genauigkeit der Zeitmessung zu gering, so daß bei kleinen Probenlängen der Fehler in der Geschwindigkeitsbestimmung entsprechend hoch wurde.

Im vorliegenden Beitrag soll gezeigt werden, welche Wege von uns beschritten wurden, um den obenerwähnten Schwierigkeiten bei der Bestimmung der Geschwindigkeit von Longitudinalwellen in kurzen Bohrkernen zu begegnen. Es wird über eine Methodik berichtet, die gestattet, unmittelbar im Gelände routinemäßige Laufzeitmessungen an unbearbeiteten Gesteinsproben vorzunehmen.

Die im folgenden beschriebene Apparatur ist auch für Laborzwecke geeignet und wurde bei der Ermittlung der Druckabhängigkeit der Schallgeschwindigkeit in Probenmaterial im Laboratorium mit Erfolg verwendet. Um für die im Feldbetrieb erhaltenen Werte entsprechend dem Druck der Entnahmeteufe der Bohrkerne Korrekturfaktoren zu bestimmen, muß die Druckabhängigkeit bekannt sein. Zu diesen Labormessungen werden im Abschnitt 7. einige Erläuterungen gegeben.

3. Bisherige Meßmethode

Beschreibung der Apparatur von Rentsch

Die von uns zuerst benutzte Apparatur der Firma Rentsch besteht aus einem Ultraschallelastometer (UEM 4) und dem Ultraschallgenerator (USG 4). Das Blockschaltbild (Abb. 1) veranschaulicht deren Wirkungsweise. Über ein Thyratron erfolgt die Entladung eines als Energiespeicher wirkenden Kondensators im Generator. Der Entladestrom durchfließt die Erregerwicklung des Nickelgebers. Infolge Magnetostriktion werden elastische Impulse auf die Probe ausgeübt. Die sich in der Probe fortpflanzenden Wellen werden von einem Ultraschallempfänger aufgenommen und in elektrische Schwingungen umgewandelt. Nach Verstärkung werden diese den Ablenkplatten der Oszillographenröhre zugeleitet. Gleichzeitig mit der Erregung des Ultraschallgebers wird eine zeitproportionale Ablenkung des Elektronenstrahls der Kathodenstrahlröhre ausgelöst. Eine mittels der Zeitmeßschaltung erzeugte Dunkellücke läßt sich jeweils

Eingang des Manuskripts in der Redaktion: 28. 1. 1969.

[1]) Herrn G. KROMPHOLZ, Langenhennersdorf, sei an dieser Stelle für die freundliche Überlassung von Unterlagen gedankt.

Zeitschrift für angewandte Geologie, Bd. 15 (1969), Heft 7

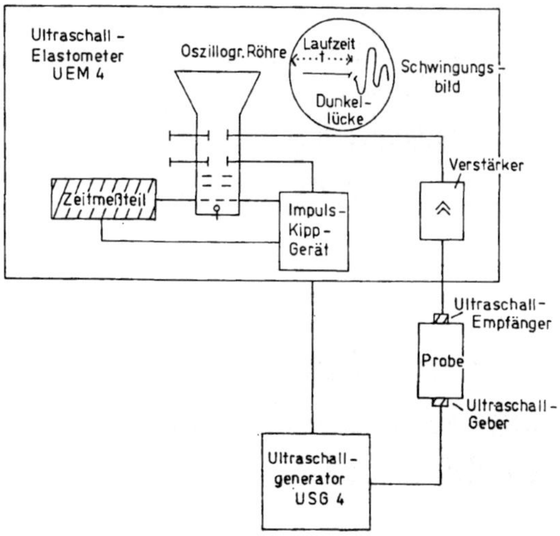

Abb. 1. Ultraschallmeßplatz von RENTSCH (Blockschaltbild)

auf den Beginn des ersten Einsatzes der Schallwelle einstellen, dient also zur Fixierung der Laufzeit.

Durchführung der Messungen

Nach erfolgter Längenmessung werden die Nickelgeber an die planparallelen Flächen des Gesteins mit einer Schraubzwinge angepreßt. Als Kopplungsmittel zur Erzielung eines guten Schallkontakts dient Uhrenfett. Die ausgesandten Ultraschallimpulse werden nach dem Durchlaufen der Meßstrecke vom Empfänger aufgenommen. Das Oszillogramm wird als stehendes Bild auf dem Bildschirm sichtbar, wobei die Zeitdauer vom Beginn des Oszillogramms bis zum ersten Einsatz mit der Laufzeit identisch ist. Ist die Dunkelmarke mittels Zeitskalenantrieb auf den Beginn des ersten Einsatzes gebracht worden, so läßt sich die Laufzeit unmittelbar auf der Zeitskala ablesen.

4. Fehlerquellen

Auf die Problematik der Messungen wurde eingangs schon hingewiesen. SILAJEWA (1962) sowie RENTSCH & KROMPHOLZ (1961) untersuchten die Abhängigkeit der durch Impulserregung erzeugten longitudinalen Wellen in zylindrischen Proben von deren Dimensionen. An Hand der von RENTSCH und KROMPHOLZ veröffentlichten Diagramme kann man Anhaltspunkte für die Wahl der Probengrößen und Geberfrequenzen erhalten, die zur Messung der Geschwindigkeit v_{PM} (im unendlichen Medium) bzw. v_D (in dünnen Stäben) erforderlich sind. Abb. 2 zeigt die Abhängigkeit der Schallgeschwindigkeit in stabförmigen Medien vom Verhältnis Durchmesser $\varnothing$ zu Wellenlänge λ und Meßlänge l zu Wellenlänge λ bei Durchschallungsmessungen und die die Bereiche des „unendlichen" und des „stabförmigen" Mediums trennende Grenzkurve (RENTSCH & KROMPHOLZ 1961). Dabei ist die Wellenlänge, die sich aus der höchsten, mit ausreichender Energie übertragbaren Oberwelle des Frequenzspektrums ergibt, einzusetzen.

Es ist durchaus möglich, wie die Oszillogramme von RENTSCH und KROMPHOLZ demonstrieren, daß auch in Fällen, wo $\varnothing/\lambda_{\text{dom}}$ (λ_{dom} gleich vorherrschende Wellenlänge) unterhalb der Grenzkurve liegt, $\varnothing/\lambda_{\text{oberw.}}$ jedoch darüber, bei ausreichender Energie und, falls keine vollständige Filterung der hohen Frequenzanteile durch das Gestein erfolgt, die Geschwindigkeit der Longitudinalwelle im unbegrenzten Medium erhalten wird. Bei diesen Abschätzungen ist zu berücksichtigen, daß sich durch Ankopplung die wirksame Frequenz der Geber verringert. So stellte RÖSLER (1955) bei Schallgebern, die mit Gips an den Proben befestigt waren, eine Frequenzverminderung von 50% fest.

An den ermittelten Schallaufzeiten ist noch eine Korrektur vorzunehmen. In seinem Geräteprospekt führt RENTSCH eine Tabelle für die Verzögerungszeiten an, die beim Gebrauch von verschiedenen Gebern entsprechend der Qualität des Schwingungseinsatzes zu verwenden sind. Unsere Versuche mit Zylindern aus Kunststoff und Aluminium ergaben jedoch von den im Prospekt angeführten Korrekturzeiten abweichende und außerdem für verschiedene Probendurchmesser unterschiedliche Werte. Weiterhin erhielten wir auch bei Verwendung ein und desselben Schallsenders bei Messungen in verschiedenen Meßbereichen des Zeitmeßgeräts wesentlich voneinander abweichende Verzögerungszeiten. Das weist darauf hin, daß diese nicht nur gemäß der Größe der remanenten Magnetisierung der Nickelpakete ausschließlich geberbedingt sind.

Die Unsicherheiten in den Verzögerungszeitangaben — die Korrekturzeiten liegen nach unseren Messungen für Geber von 20 bis 150 kHz zwischen 0,8 und 4,1 μs — können bei kurzen Proben, d. h. bei geringen Laufzeiten, ganz beträchtliche Fehler in den Geschwindigkeiten bewirken. Hinzu kommen noch Ungenauigkeiten durch die mit Fehlern behafteten Laufzeitmessungen selbst (ca. $\pm 0{,}5$ μs).

5. Neue Meßmethodik

Um den Forderungen, die die Petrophysik an eine für ihre Belange geeignete Schallapparatur stellt, zu entsprechen, übernahm die Fa. Elektronik Krompholz, Langenhennersdorf, auf Grund unserer Hinweise eine Geräteneuentwicklung. Insbesondere waren die genauere Einstellmöglichkeit der Meßmarke, die größere Bandbreite des Verstärkers sowie die geringere Meßunsicherheit bei der Zeitbestimmung gefordert.

Der neuentwickelte Ultraschallmeßplatz besteht aus dem Gerät USME S und dem Zeitmeßteil (Chronometer CHR 10/4). In letzterem erfolgt über Zähldekaden eine direkte ziffernmäßige Darstellung der gemessenen Lauf-

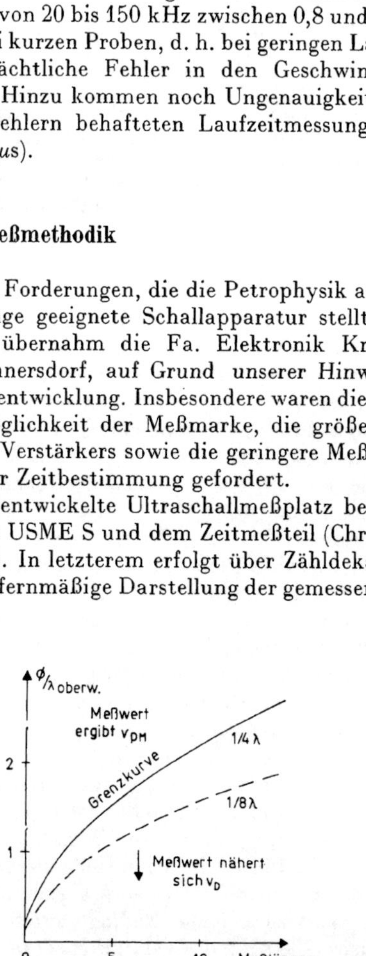

Abb. 2. Schallgeschwindigkeit in stabförmigen Medien in Abhängigkeit von den Probendimensionen (nach RENTSCH & KROMPHOLZ 1961)

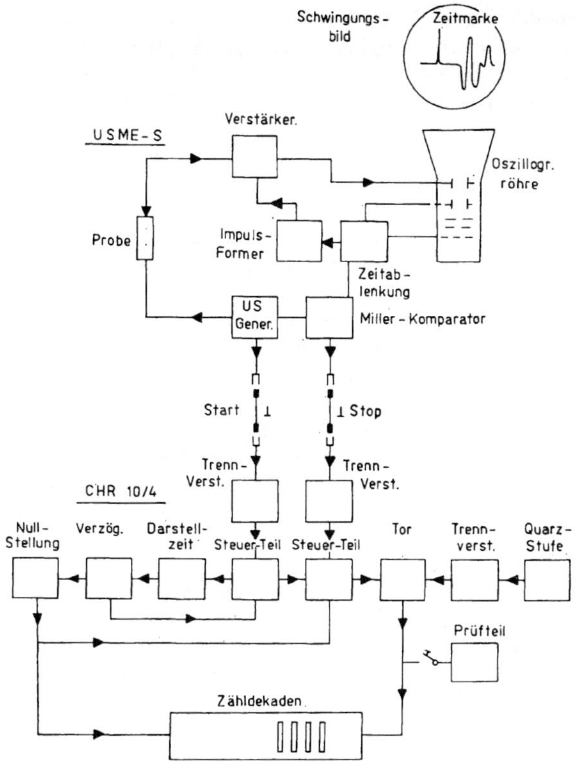

Abb. 3. Ultraschallmeßplatz von KROMPHOLZ (Blockschaltbild)

zeit. Die Blockschaltung des gesamten Meßplatzes zeigt Abb. 3. Die Zeitmessung erfolgt nach folgendem Prinzip:

Gleichzeitig mit dem elektrischen Impuls für den Schallwandler werden die Zeitzählung im Chronometer und durch einen im MILLER-Komparator verzögerten Startimpuls die Zeitablenkstufe des Oszillographen ausgelöst. Im Chronometer werden durch Öffnen einer Tonröhre Quarzschwingungen mit einer Frequenz von 10 MHz ausgezählt. Der Stopimpuls (Meßmarke) beendet den Zählvorgang. Bei der Messung des ersten Einsatzes von Schwingungen entspricht die Zeit zwischen dem Startimpuls und der Vorderflanke der Meßmarke der Laufzeit der Longitudinalwelle in der Probe. Die Meßmarke kann durch Regelung eines Potentiometers kontinuierlich auf eine beliebige Stelle des Oszillogramms verschoben werden.

Die untere Grenzfrequenz des Verstärkers liegt bei 1 kHz, die obere bei 3 MHz. Das Chronometer besitzt eine Meßunsicherheit von $\pm 0{,}1\ \mu s$. Das stellt gegenüber der Genauigkeit des Zeitmeßteils der alten Apparatur eine erhebliche Verbesserung dar.

Wie bereits erwähnt, wurden für die Geschwindigkeitsbestimmungen beim Gebrauch der von der Herstellerfirma gelieferten Geber bearbeitete Stirnflächen des Probenmaterials benötigt. Dazu mußten die Gesteine zu einem Schneidlaboratorium transportiert und dort bearbeitet werden. Die umfangreichen Schneidarbeiten ließen es nicht zu, das gesamte anfallende Kernmaterial hinsichtlich seiner elastischen Eigenschaften zu untersuchen. Um eine Möglichkeit zu schaffen, daß die Arbeiten unmittelbar im Gelände (an den Bohrungen) bzw. in Kernmagazinen durchgeführt werden können, mußten Schwinger mit geringer Kontaktfläche konstruiert werden, wodurch die vorherige mechanische Bearbeitung des Materials entfallen konnte (mündl. Hinweis von Prof. OLSZAK auf Messungen in der UdSSR). Die günstigste Abstrahlcharakteristik haben Schwinger mit Exponentialform (MATUSCHEK). Da sich solche bei uns nicht herstellen ließen, wurden Versuche mit kegelförmigen Kalotten, die auf Geber und Nehmer aufgesetzt wurden, vorgenommen. Nachdem ihre prinzipielle Brauchbarkeit geprüft war, übernahm die Firma Krompholz die Herstellung von piezoelektrischen Sendern (50 mm² Fläche) aus Bariumtitanat-Bleizirkonat mit Resonanzfrequenzen von 0,3; 0,5; 0,8 und 1 MHz und entsprechend abgestimmten Empfängern mit Kegelkalotten von 3 mm² Kontaktfläche.

Für die Verwendung von Schwingern mit kleineren Durchmessern als denen der Proben spricht auch die Tatsache, daß bei streifendem Einfall (Probendurchmesser = Geberdurchmesser) die Reflexion mit der um 180° verschobenen Phase erfolgt und dadurch die eingestrahlte Energie mit zunehmendem Abstand vom Geber sehr rasch abnimmt.

Da sich bei Untersuchungen an Probenkörpern mit unbearbeiteter Oberfläche nach der Durchschallung die Länge der Strecke, die die Schallwelle durchlaufen hat, nur ungenau ermitteln ließ, wurde eine Einspannvorrichtung konstruiert, bei der die Schwinger gleich mit einer Längenmeßvorrichtung gekoppelt sind (Abb. 4). Der Geber ist in einem unbeweglichen Backen eingespannt, der Nehmer in einer Halterung, die, mit einem Nonius versehen, entlang der Längenmeßskala verschoben werden kann. Beim Auswechseln der Schwinger muß die Nullmarke jeweils neu eingestellt werden.

Infolge des Ersatzes der magnetostriktiven Geber durch Piezoschwinger und der heraufgesetzten oberen Grenzfrequenz konnte die Probenmindestlänge für die Schallgeschwindigkeitsuntersuchungen an Gesteinen bedeutend herabgesetzt werden. Versuche ergaben, daß der mit der neuen Apparatur gemessene Zeitwert lediglich durch die zu der Laufzeit der Schallwelle in der Probe hinzukommende Laufzeit in den Koppelflächen der Geber und Empfänger verfälscht wird. Da diese Flächen für alle verwendeten Schwinger die gleiche Stärke besitzen, muß von allen Zeitwerten immer der gleiche konstante Betrag subtrahiert werden.

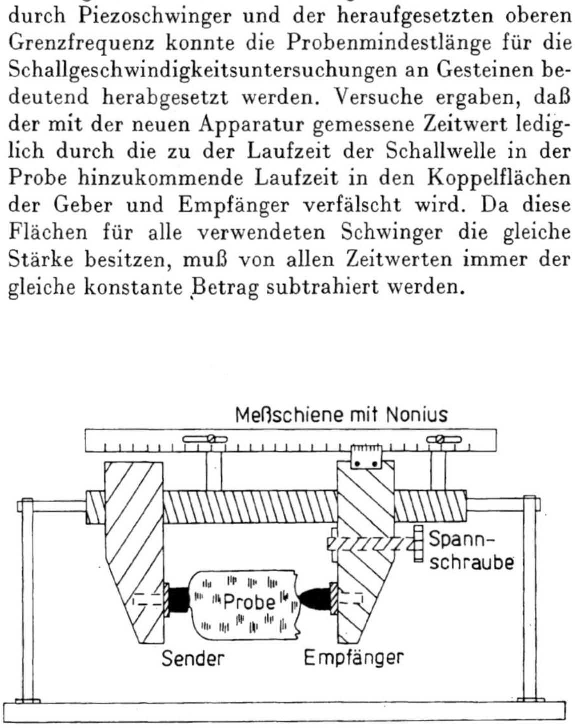

Abb. 4. Einspannvorrichtung

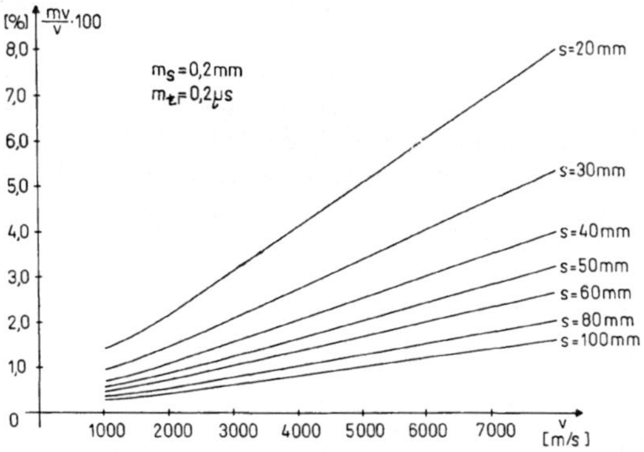

Abb. 5. Prozentualer mittlerer Fehler der Schallgeschwindigkeit v_P

Die Ermittlung der Transversalwellengeschwindigkeit ist noch mit Schwierigkeiten verbunden. Im Laboratorium wird von uns z. Z. eine Methodik angewandt, die durch die Wahl eines geeigneten Verhältnisses von Probendurchmesser zu Länge gestattet, Oberflächenwellen und Randreflexionen vom Einsatz der Transversalwelle zu unterscheiden. Noch im Entwicklungsstadium befinden sich bei uns sogenannte Scherschwinger aus Piezolan S in Form von rechteckigen Scheiben, die parallel zu einer Längskante polarisiert sind. Zu gegebener Zeit soll Näheres darüber berichtet werden.

6. Fehlerabschätzung

Um einen Überblick über die mit der neuen Meßmethodik erzielten Genauigkeiten zu erhalten — es werden pro Probe zwei Einspannungen mit je drei Ablesungen vorgenommen —, wurde der prozentuale mittlere Fehler der Schallgeschwindigkeit $\frac{m_v}{v}$ für unterschiedliche Geschwindigkeiten und Längen der Gesteinsproben berechnet. Der mittlere Fehler der Zeitablesung (m_t) wurde zu $\pm 0{,}2\ \mu$s, der der Längenmessung (m_s) zu $\pm 0{,}2$ mm bestimmt. Nach dem Fehlerfortpflanzungsgesetz ist

$$m_v = \sqrt{\left(\frac{\partial v}{\partial s}\right)^2 m_s^2 + \left(\frac{\partial v}{\partial t}\right)^2 m_t^2}\,; \qquad v = \frac{s}{t}$$

$$m_v = \frac{1}{t}\sqrt{m_s^2 + v^2 m_t^2}$$

$$\frac{m_v}{v} = \frac{1}{s}\sqrt{m_s^2 + v^2 m_t^2}$$

Das Ergebnis dieser Fehlerabschätzung ist in Diagrammform in Abb. 5 dargestellt.

7. Bestimmung der Schallgeschwindigkeitsänderung bei Druckbeanspruchung

Vorbemerkungen

Im natürlichen Verband steht das Gestein allgemein unter einem dreiachsigen Spannungszustand, der im Laboratorium mittels einer Hochdruckkammer nachgebildet werden kann. Die druckbedingten Änderungen der Schallgeschwindigkeit sind besonders groß im Bereich niedriger Drücke (bis ca. 500 kp/cm², ungefähr einer Teufe von 2 km entsprechend). Bei höheren Drücken treten nur noch geringe Änderungen auf. Für Drücke, die Teufen bis ca. 5 km entsprechen, ist nach SILAJEWA (1962) möglich, die Messungen statt unter dreiachsigen hydrostatischen Belastungsverhältnissen unter einachsiger Belastung durchzuführen. Dabei unterscheiden sich die Geschwindigkeitswerte bei Zimmertemperatur nur um maximal 2% voneinander. Auf Grund dieser Erfahrungen sowjetischer Geophysiker sahen wir als gerechtfertigt an, für unsere Versuche bis zur Fertigstellung einer Druckkammer einachsige Belastungsbedingungen vorzugeben, um Korrekturfaktoren für die unter Atmosphärendruck gewonnenen Schallgeschwindigkeitswerte ermitteln zu können.[2]) Zwei Typen von Druckkammern befinden sich z. Z. bei uns in Erprobung. Der maximale Druck liegt in beiden Fällen bei ca. 2000 kp/cm². Die Kammer des ersten Typs arbeitet hydraulisch und erzeugt einen allseitig gleichen Druck auf die Probe. Bei der Kammer des zweiten Typs (vgl. Abb. 3) erfolgt die Kraftübertragung direkt über einen Druckstempel auf die Probe. Infolge behinderter Querdehnung entsteht ein vom Vertikaldruck abweichender Horizontaldruck. Der hier entstehende Spannungszustand ist rotationssymmetrisch, jedoch nicht hydrostatisch. Aus dem HOOKEschen Gesetz ergibt sich folgende Beziehung zwischen Vertikalspannung σ_V, der Horizontalspannung σ_H und der POISSON-Konstanten μ:

$$\sigma_H = \frac{\mu}{1-\mu} \cdot \sigma_V$$

[2]) Inzwischen durchgeführte vergleichende Untersuchungen der Druckabhängigkeit der Schallgeschwindigkeit unter hydrostatischer (Institut für Geodynamik, Jena) und einachsiger Beanspruchung (VEB Geophysik, Leipzig) zeigten ebenfalls, daß ein statistisch gesicherter Unterschied in den erhaltenen Meßwerten nicht nachweisbar ist.

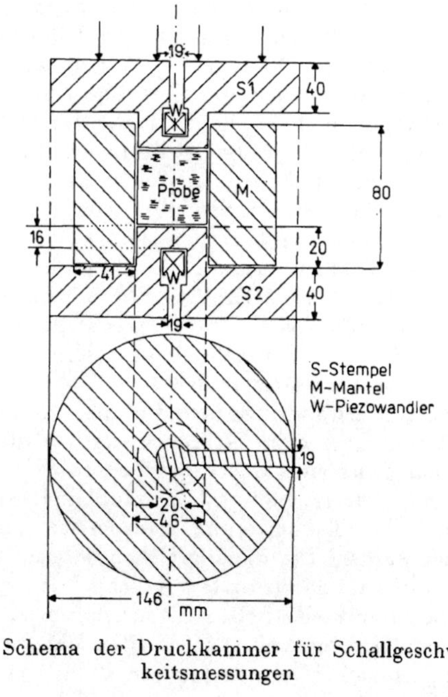

Abb. 6. Schema der Druckkammer für Schallgeschwindigkeitsmessungen

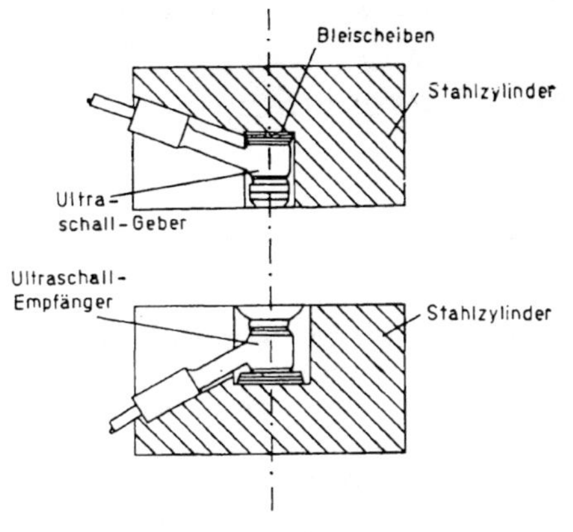

Abb. 7. Vorrichtung zur Halterung von Ultraschallgeber und -empfänger für Messungen unter Druck (nach J. HOHL 1967)

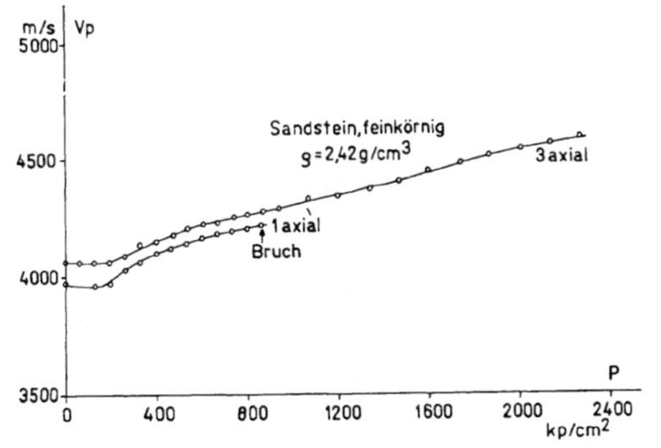

Abb. 8. Druckabhängigkeit der Schallgeschwindigkeit bei ein- und dreiachsiger Belastung

Meßmethodik

Zur Druckerzeugung dient eine 200-Mp-Baustoffpresse des VEB Werkstoffprüfmaschinen, Leipzig. Die Schallgeschwindigkeit wird in Druckrichtung gemessen. Damit nicht der gesamte erzeugte Druck auf die Schwinger einwirkt, mußte für einachsige Belastung eine Vorrichtung hergestellt werden, die in Abb. 7 skizziert ist (J. HOHL 1967). Geber und Empfänger (letztere ebenfalls mit ebener Oberfläche) werden in die Aussparungen von Stahlzylindern, auf Bleischeiben gelagert, eingekittet, wobei die Übertragungsfläche der Schwinger mit der Druckfläche der Stahlzylinder abschließt. Infolge der hohen plastischen Verformbarkeit der Bleischeiben wird eine zusätzliche Druckbelastung auf die Meßelemente verhindert. Dadurch entsteht aber in der Gesteinsprobe eine inhomogene Druckverteilung. Der Druck ist dort geringer als der auf die Stahlzylinder ausgeübte. Um eine gleichmäßige Druckübertragung zu gewährleisten, wurden noch zwei planparallele Stahlplatten von ca. 8 mm Stärke und von gleichem Durchmesser wie die Stahlzylinder zwischen Schwinger und Probe angebracht. Die zusätzliche Schallaufzeit in den Platten ist dann zusammen mit der normalen Verzögerungszeit von der gemessenen Laufzeit abzuziehen (vgl. auch Abb. 6). Abb. 8 zeigt einen Vergleich der gemessenen Geschwindigkeitswerte bei ein- und dreiachsiger Belastung.

Zusammenfassung

Im vorliegenden Beitrag wurde nach einem Hinweis auf die bei der Ermittlung von Schallgeschwindigkeiten an Proben kleiner Dimensionen auftretenden Schwierigkeiten eine neue Ultraschallapparatur beschrieben und über eine Methode berichtet, die gestattet, unbearbeitete Gesteinsproben auch im Gelände routinemäßig zu untersuchen. Ein kurzer Überblick wurde über die z. Z. im petrophysikalischen Laboratorium des VEB Geophysik, Leipzig, verwendete Methode zur Bestimmung der Druckabhängigkeit in Gesteinen gegeben. Die erhaltenen Meßergebnisse ermöglichen, Korrekturen an den im Feldbetrieb erhaltenen Werten — gemäß dem in der Entnahmeteufe des Gesteinsmaterials herrschenden Druck — vorzunehmen.

Резюме

После указания на затруднения, встречающиеся при определении скорости звука в пробах малых размеров, в настоящей статье описывается ультразвуковая аппаратура; сообщается о методе, позволяющем серийно исследовать необработанные пробы пород также в поле. Дается краткий обзор о методе для определения зависимости от давления в породах, использованном в настоящее время в петрофизической лаборатории Народного предириятия ,,Геофизика'' в г. Лейпциг. Полученные результаты позволяют внести поправки в полученные в поле значения, в зависимости от господствующего на глубине отбора материала давления.

Summary

After referring to difficulties encountered when determining sound velocities in small-size samples, a new ultrasonic apparatus is described together with a method permitting a routine analysis of raw rock samples even in the field. The method is described and is presently applied by the petrophysical laboratory of VEB Geophysik, Leipzig, to determine the pressure dependence in rocks. In accordance with the pressure in the sampling depth of the rock material data determined under field conditions can be corrected from the measuring results obtained.

Literatur

BAULE, H., & E. MÜLLER: Messung elastischer Eigenschaften von Gesteinen. — Handb. Phys., Bd. XLVII (1965).

HOHL, J.: Schallgeschwindigkeitsbestimmungen an Sedimentgesteinen bei einachsiger Druckbeanspruchung. — Unveröff. Ingenieurarb., Breitenbrunn 1967.

KROMPHOLZ, G.: Geräteprospekt Ultraschallmeßgerät USME-S.

MATUSCHEK, J.: Einführung in die Ultraschalltechnik.

RENTSCH, W.: Geräteprospekt Ultraschallelastometer UEM 4.

RENTSCH, W., & G. KROMPHOLZ: Bestimmung der elastischen Konstanten mit Ultraschall. — Bergakademie, 7—8, Freiberg 1961.

RÖSLER, R.: Experimentelle Untersuchungen zur Abhängigkeit der Schallgeschwindigkeit von der Druckbeanspruchung bei Gesteinen. — Freiberger Forsch.-H., C 12 (1955).

SILAJEWA, O. J.: Untersuchung der Ausbreitungsgeschwindigkeit elastischer Wellen und der elastischen Parameter in Gesteinsproben mit Hilfe von Ultraschall. — Akad. Nauk. SSSR, Trudy Inst. Fisiki Semli, Nr. 27, Moskau 1962 (russ.).

Zeitschrift für angewandte Geologie, Bd. 15 (1969), Heft 7

Arbeitsmethodische Beiträge zur Paläohydrogeologie

GERALD MILDE, ULRICH HAGENDORF & ULRICH TETZLAFF, Freiberg (Sa.)

(Sektion Geowissenschaften der Bergakademie Freiberg, Lehrstuhl für Hydrogeologie, Sektionsveröffentlichung Nr. 22)

1. Einleitung

In den letzten beiden Jahrzehnten wird besonders von sowjetischen Autoren[1]) und seit wenigen Jahren auch von einigen Autoren anderer Länder der paläohydrogeologischen Forschung besondere Bedeutung beigemessen. Diese paläohydrogeologischen Arbeiten werden für geologische Sucharbeiten bedeutungsvoll, da Wässer in allen geologischen Zeiten als universelle Lösungs- und Transportmittel dienten und die zu transportierenden anorganischen und organischen Stoffe unter bestimmten mechanischen oder physikochemischen Bedingungen wieder abgesetzt und ganz allgemein angereichert werden konnten.

Die im folgenden anhand von Literaturstudien und aus eigenen Arbeitserfahrungen dargestellte wissenschaftliche Arbeitsmethodik kann als bedeutendes neues Hilfsmittel für geologische Sucharbeiten auf Kohlenwasserstofflagerstätten und Lagerstätten verschiedener fester Minerale dienen. Darüber hinaus lassen sich einige grundlegende Gedanken über die Verbreitung von Grundwasserlagerstätten mittels der paläohydrogeologischen Analyse entwickeln.

Nach unseren Arbeitserfahrungen ist es wesentlich, bei paläohydrogeologischen Untersuchungen die Erarbeitung paläohydrogeologischer Faktoren von der Analyse paläohydrogeologischer Kriterien zu trennen. Dabei erfassen die paläohydrogeologischen Faktoren alle die paläohydrogeologischen Verhältnisse, die mit Hilfe der verschiedensten Arbeitswege für die jeweiligen geologischen Zeitabschnitte bzw. Zeitbereiche festlegbar sind. Die Ermittlung dieser Faktoren ermöglicht in Abhängigkeit von den verfügbaren geologischen Unterlagen eine möglichst vollständige Rekonstruktion früherer hydrogeologischer Verhältnisse.

Eine eingehende Analyse dieser paläohydrogeologischen Verhältnisse im Hinblick auf die Mobilisierung, den Transport oder die Ablagerung nutzbarer Stoffe führt zu den sogenannten paläohydrogeologischen Kriterien. Unter diesem Begriff werden dementsprechend alle die paläohydrogeologischen Bedingungen zusammengefaßt, die auf das Vorkommen von Lagerstätten unterschiedlichster Nutzkomponenten hindeuten. Danach ist zwar eine allgemeine paläohydrogeologische Faktorenanalyse möglich, die Untersuchungen auf paläohydrogeologische Kriterien sind aber immer nur auf eine Nutzkomponente auszurichten.

2. Hauptaufgabe der Paläohydrogeologie

Die Hauptaufgabe paläohydrogeologischer Untersuchungen umfaßt die Rekonstruktion hydrogeologischer Grundverhältnisse während verschiedener geologischer Zeitabschnitte mit dem Ziel, das Verhalten des gesamten unterirdischen Wassers in einem bestimmten Gebiet während der geologischen Betrachtungsspanne zu verfolgen. Im einzelnen sollen dadurch, entsprechend der Aufgabe einer jeden umfassenden hydrogeologischen Arbeit, die allgemeinen hydrogeologischen Verhältnisse in ihren Grundzügen im Hinblick auf die Lagerungsbedingungen grundwasserleitender und grundwasserstauender Komplexe und deren hydrogeologische Eigenschaften sowie die hydrodynamischen Verhältnisse und die chemische Zusammensetzung der Wässer zu klären versucht werden. Die Betrachtung dieser genannten hydrogeologischen Verhältnisse erfolgt dabei unter dem Aspekt ihrer räumlichen und zeitabhängigen Veränderung. Aus dieser komplexen Betrachtung der paläohydrogeologischen Forschung, die u. a. einen möglichst detaillierten geologischen, tektonischen, sedimentpetrographischen und hydrogeologischen Kenntnisstand des Untersuchungsraums voraussetzt, lassen sich im wesentlichen sieben paläohydrogeologische Faktorenkomplexe herausstellen:

1. Paläohydrogeologisches Grundregime (Ausgliederung von Etappen der hydrogeologischen Entwicklung, Sedimentations- und Infiltrationsregime in räumlicher und zeitlicher Erstreckung);

2. Entwicklungsablauf der hydrogeologischen Etappen (hydrogeologische Zyklen);

3. Lagerungsverhältnisse und hydrogeologische Eigenschaften von Sedimentkomplexen während ihrer geologischen Entwicklungsgeschichte, analysiert für jede Grundetappe;

4. Paläohydrodynamik während jeder Grundetappe;

5. Wasseraustauschintensität während jeder Grundetappe;

6. hydrogeochemische Bedingungen während jeder Grundetappe;

7. paläoklimatische Verhältnisse während jeder Grundetappe.

In diesen paläohydrogeologischen Faktorenkomplexen sollen Vorstellungen über alle hydrogeologisch bedeutungsvollen Verhältnisse zusammengefaßt werden, aus denen allgemeingültige Grundzüge der Paläohydrogeologie abzuleiten sind und mit deren Hilfe Schlüsse für geologische Sucharbeiten möglich sind.

3. Paläohydrogeologische Faktorenanalyse

Paläohydrogeologisches Grundregime

Die wesentlichste Grundlage paläohydrogeologischer Betrachtungen bildet die Erfassung des paläohydrogeologischen Grundregimes. Dabei ist eine Gliederung der hydrogeologischen Entwicklung in Sedimen-

Eingang des Manuskripts in der Redaktion: 5. 3. 1969.

[1]) Herrn Prof. KARTZEW, Moskau, sei ganz besonders für anregende Diskussionen gedankt.

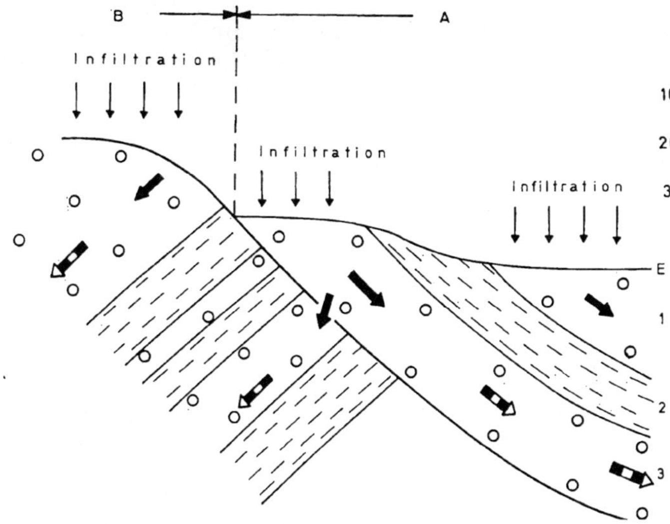

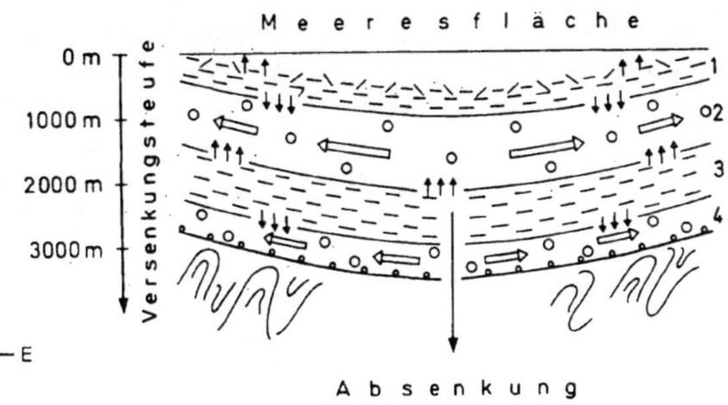

b) 1 – Sedimentationswässer in Schlämmen und Tonen, Porenraumreduktion mechanisch, Porosität ca. 30–80%; 2 – Speicherraum nichthaftender Sedimentationswässer, Porenraumreduktion chemisch, Porosität ca. 20–25%; 3 – Auspressung haftender Sedimentationswässer, Porenraumreduktion mechanisch, Porosität ca. 8–20%; 4 – Speicherraum wie 2, Porosität ca. 15%

a) A – Infiltration in Gesteine, die während des jüngsten hydrogeologischen Zyklus abgelagert wurden (direkte Infiltration); B – Infiltration in Gesteine, die während eines älteren hydrogeologischen Zyklus abgelagert wurden (direkte und indirekte Infiltration); E – Erosionsfläche
1 – Speicherraum für Infiltrationswässer, Oxydationsbereich; 2 – Grundwasserstauerkomplex, stark verdichtet, mit Porenrestlösung; 3 – Speicherraum für Infiltrationswässer, Oxydationsbereich

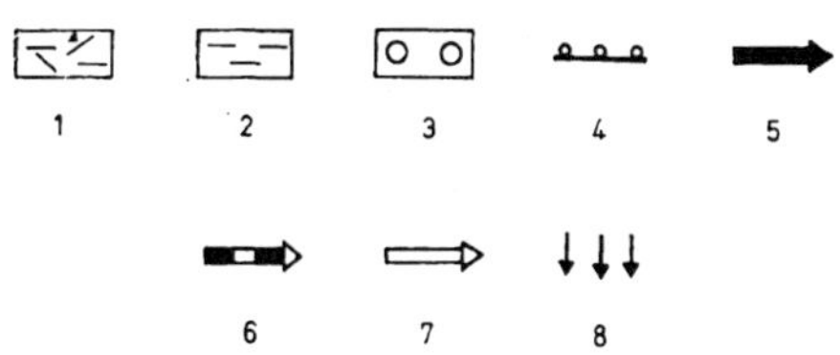

Abb. 1. Schematische Darstellungsmöglichkeiten einiger paläohydrogeologischer Faktoren

a) während der Infiltrationsetappe wirksam, b) während der Sedimentationsetappe wirksam

1 – Schlämme und Tone; 2 – Grundwasserstauerkomplexe; 3 – Grundwasserleiterkomplexe; 4 – Beginn eines hydrogeologischen Zyklus; 5 – Fließrichtung von Infiltrationswässern, sauerstoffreich; 6 – Fließrichtung von Infiltrationswässern, sauerstoffarm; 7 – Fließrichtung von Sedimentationswässern, sauerstofffrei; 8 – Auspressung von Sedimentationswässern

tations- und Infiltrationsetappen notwendig. Lage und Begrenzung der von ihnen erfaßten Räume werden aus der paläogeographischen Entwicklung des betrachteten Raumes, im wesentlichen aus der Verteilung von Land- und Meerflächen, abgeleitet. Für einen auszuwählenden Zeitschnitt gibt sie einen generellen Überblick über die Verteilung von Gebieten, in denen Sedimentations- oder Infiltrationswässer entstehen. In einfacher Annäherung werden dabei Sedimentationswässer einer marinen und Infiltrationswässer einer atmosphärischen Herkunft zugeordnet (s. a. DEGENS 1968).

Entwicklungsablauf der hydrogeologischen Etappen

Der Entwicklungsablauf der hydrogeologischen Etappen (hydrogeologischer Zyklus) stellt eine Periode in der hydrogeologischen Entwicklungsgeschichte eines Raumes dar. Er beginnt mit einer Transgression, schließt den Zeitraum der Sedimentation, der nachfolgenden Regression, Abtragung und Wasserinfiltration ein und wird mit einer erneuten Transgression beendet (Abb. 1).

Die Ausgliederung eines hydrogeologischen Zyklus erfolgt durch die historische Betrachtung des Wechsels von Sedimentations- und Infiltrationsgebieten im geographischen Raum. Damit ist für ein bestimmtes abgegrenztes Gebiet die zeitliche Aufeinanderfolge von Sedimentationsverhältnissen über Infiltrationsbedingungen zu erneuten Sedimentationsverhältnissen zu verfolgen. Der Zyklus eines Raums beginnt somit durch den Anfang der Sedimentationsetappe und wird durch das Ende der anschließenden Infiltrationsetappe abgeschlossen. Danach beginnt eine neue Etappe mit der erneuten Umgestaltung des Gebiets zum Sedimentationsraum. Der Aussagewert des hydrogeologischen Zyklus für die paläohydrogeologische Analyse wird dadurch bedeutungsvoll, daß die zeitliche Dauer der Sedimentations- oder Infiltrationsetappe absolut festgelegt werden kann. Darüber hinaus ist der Vergleich dieser Dauer und die Herausarbeitung der jeweiligen Etappendominanz für den Betrachtungsraum möglich.

Lagerungsverhältnisse und hydrogeologische Eigenschaften von Sedimentkomplexen während ihrer geologischen Entwicklungsgeschichte

Grundlage der eingehenden paläohydrogeologischen Analyse bilden Kenntnisse über die Lagerungsverhältnisse (Verbreitung, Mächtigkeit, Ausstrich, Lagerungstiefe usw.), die sedimentpetrographische Ausbildung (Korngröße, Diagenesegrad, Bindemittel usw.) und die hydrogeologischen Eigenschaften (Porosität, Durchlässigkeit) der Sedimentkomplexe im Verlauf ihrer geologischen Entwicklung. Diese Kenntnisse werden im wesentlichen aus sedimentpetrographischen Untersuchungsergebnissen entwickelt sowie aus paläogeographischen und paläogeologischen Bearbeitungen abgeleitet und in paläohydrogeologischen Karten und Profilen schematisch dargestellt.

Für die Klärung der hydrogeologischen Eigenschaften ist besonders die Erfassung der zeitlichen Veränderung der hydrogeologisch wirksamen Parameter notwendig. Dabei ist besonders die Porenraumreduktion sedimentärer Gesteine zu analysieren (LJUBOMIROW 1963; MUCHIN 1960). Diese Analyse liefert Grundlagen für alle Schlußfolgerungen über die hydrogeologischen Eigenschaften der Sedimente zu ausgewählten Zeitabschnitten in Abhängigkeit von zugehörigen Teufenlagen sowie über die Umsetzung hydrodynamisch relativ unbeweglicher Wässer (im Porenraum haftender Wässer) in beweglichere Wässer (im Porenraum nichthaftende Wässer). Die Umsetzung erfaßt neben haftenden Sedimentationswässern gelegentlich auch haftende Infiltrationswässer.

Paläohydrodynamik

Die Rekonstruktion der Dynamik nichthaftender Sedimentations- und Infiltrationswässer umfaßt die Ermittlung von Druckunterschieden, Fließrichtungen, Fließgeschwindigkeiten usw.

Es sind grundsätzliche Unterschiede im hydrodynamischen Verhalten von Wässern während der Infiltrations- und Sedimentationsetappe zu berücksichtigen. Das hydraulische Gefälle für Infiltrationswässer ist üblicherweise von den morphologisch höchstliegenden Teilen eines Grundwasserleiterkomplexes zu den niederen gerichtet und gibt damit die generelle Fließrichtung an. Grundlage für derartige Ermittlungen bilden paläomorphologische und paläogeologische Untersuchungen für das Betrachtungsgebiet sowie Untersuchungen über die Verbreitung des oberflächigen Ausstrichs und die hydrogeologischen Eigenschaften der grundwasserleitenden Horizonte. Letztlich ist unter Berücksichtigung der Fließwege und des Gefälles auf die Fließgeschwindigkeiten zu schließen.

Grundsätzlich anders verläuft dagegen die Fließrichtung nichthaftender Sedimentationswässer. Sie ist im allgemeinen vom Beckenzentrum (Raum maximaler Absenkung) zum Beckenrand (Raum minimaler Absenkung) gerichtet und verläuft parallel dem geostatischen Druckgradienten. Für die Bestimmung der Fließrichtung von Sedimentationswässern sind damit die Lagerungsverhältnisse der wasserleitenden Sedimente einschließlich ihrer hydrogeologischen Eigenschaften zu nennen, aus denen wiederum die Fließgeschwindigkeiten abzuleiten sind.

Für relativ flach und ungestört lagernde sedimentationswasserführende Horizonte versprechen die neuesten Berechnungsverfahren von SAMSOMOW u. a. (1968) zur Einschätzung paläohydrodynamischer Verhältnisse wesentliche Fortschritte.

ADILOW (1968) (freundliche mündliche Mitteilung) versucht durch Analogiemodelle nach Eingabe verschiedener Randbedingungen, wie u. a. hydrostatische und geostatische Druckverhältnisse, Porenraumreduktion, Zonen gleicher Durchlässigkeit und geologische Lagerungsverhältnisse, zur besseren Erfassung der Bewegungsrichtung der Wässer zu gelangen, als es durch die Kartierung von Druckentstehungs- und Druckentlastungsgebieten möglich ist.

Wasseraustauschintensität

Die Existenz der Wasseraustauschintensität und des Wasseraustausches liegt darin begründet, daß Wässer aus dem sie primär beherbergenden Porenraum verdrängt werden können. Für die paläohydrogeologische Analyse sind dabei besonders die Wasseraustauschmengen bedeutungsvoll. Die Erfassung des Infiltrationswasseraustausches erfordert grundlegende Werte über die Versickerungsfähigkeit und den Niederschlag unter Einbeziehung des Grundwasserspeichervolumens (nutzbares Hohlraumvolumen). Aus dem Verhältnis Versickerungsmenge zu Speichervolumen ist die Bestimmung der Intensität des Wasseraustauschs möglich.

Grundbedingung für die Bestimmung des Wasseraustauschs während der Sedimentationsetappe sind Kenntnisse über die Veränderung des Porenvolumens wasserführender Sedimente (Abb. 2).

Die durch die Diagenese frei werdenden Wassermengen ergeben unter Einbeziehung des Umsatzraumvolumens (Speicher nichthaftender Wässer) Hinweise über die Wasseraustauschintensität, die in Abhängigkeit vom Verhältnis Wassermenge zu Umsatzraum zu einem mehrfachen Wasseraustausch führen kann. So wird z. B. bei der Dominanz toniger Sedimente gegenüber sandigen durch die Freisetzung sehr umfangreicher Wassermengen ein oftmaliger Wasseraustausch möglich sein.

Hydrogeochemische Bedingungen

Im Rahmen der paläohydrogeologischen Analyse wird vorausgesetzt, daß das Bildungsmilieu der Sedimente bestimmend für den primären Charakter der Sedimentationswässer und die paläoklimatischen Grundzüge auf dem Festland bestimmend für den chemischen Charakter der Infiltrationswässer sind. Diese Aussage setzt

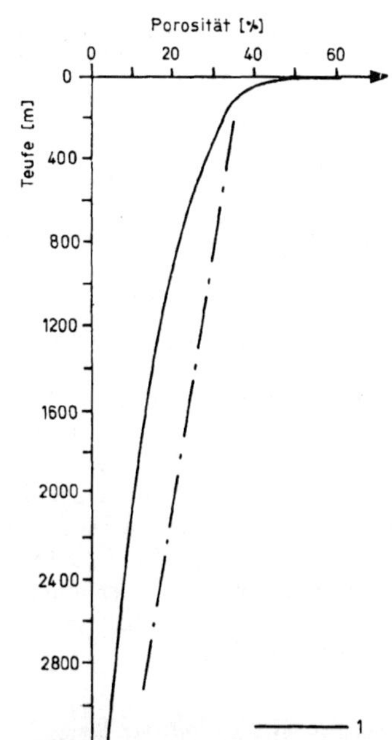

Abb. 2. Die Porenraumreduktion von Tonsteinen und Sandsteinen in Beziehung zur Teufe nach v. ENGELHARDT (1960), JONES (1968), LJUBOMIROW (1963), MAXWELL (1964), MUCHIN (1960), PHILIPP, W., u. a. (1963), PROSLJAKOW (1960)
1 – Tonstein, 2 – Sandstein

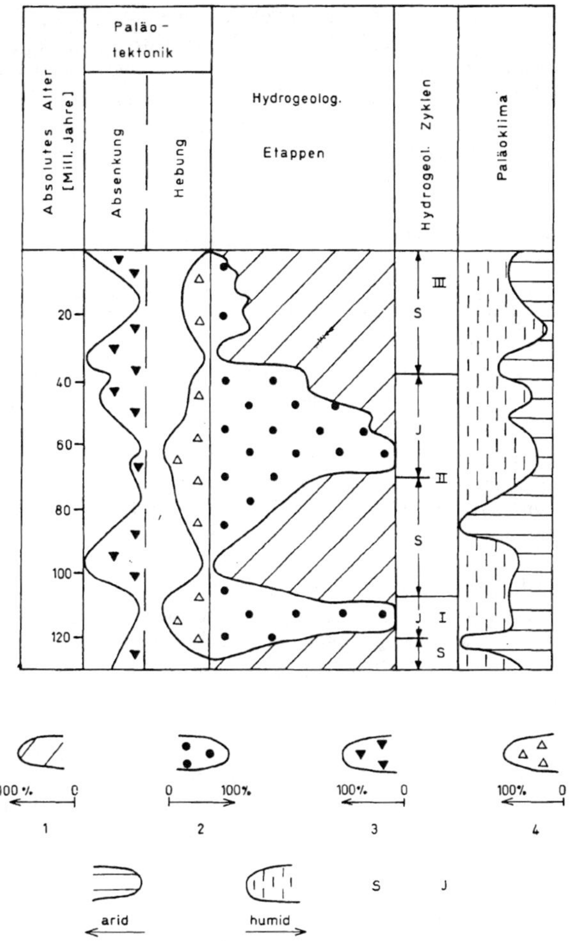

Abb. 3. Ergebnisbild einer regionalen paläohydrogeologischen Faktorenanalyse (Faktorenauswahl)

1 – Anteil des Sedimentationsraumes am Gesamtgebiet (%), 2 – Anteil des Infiltrationsraumes am Gesamtgebiet (%), 3 – Anteil des durch Absenkung erfaßten Gebietes (%), 4 – Anteil des durch Hebung erfaßten Gebietes (%), 5 – Charakter des Paläoklimas (Tendenz vollarid), 6 – Charakter des Paläoklimas (Tendenz vollhumid), 7 – Sedimentationsetappe, 8 – Infiltrationsetappe

die von verschiedenen Autoren gestützte Konstanz der primären chemischen Zusammensetzung der Wässer seit dem späten Präkambrium voraus (DEGENS 1968). Die außerordentlich leichte Umbildungsmöglichkeit der Wässer (u. a. v. ENGELHARDT 1960; MÜLLER 1968; SAJZEW 1968) bedingt jedoch eine schnelle Veränderung des Wasserchemismus, so daß eindeutige Schlüsse auf den späteren Wasserchemismus erschwert und Deutungen auf Analogieschlüsse angewiesen sind. Für die Klärung der Genese und Geschichte der Grundwässer sind daher Behelfe notwendig, die sich im wesentlichen auf folgende Hinweise stützen:

1. Hinweise auf den primären Chemismus mittels des Sedimentationsmilieus und der Klimaeinflüsse;

2. Hinweise auf die diagenetische Geschichte der Wässer aus der rezenten Hydrochemie (u. a. KARTZEW 1963; SCHOELLER 1955), Isotopenuntersuchungen (u. a. DEGENS 1968), physikalischen Altersbestimmungen (u. a. MÜNNICH 1968; PINNEKER 1967) unter Einbeziehung der geologischen Geschichte und durch Verwendung von Analogieschlüssen;

3. Hinweise aus Untersuchungen an Haftwässern relativ schlecht permeabler Gesteine (KRJUKOW u. a. 1968).

Ziel aller dieser Untersuchungen ist, Aussagen über die hydrogeochemische Geschichte der Wässer zu liefern. Aus ihr sollten Aussagen über das hydrogeochemische Grundregime, d. h. Schlußfolgerungen über das Vorherrschen von Sedimentations- oder Infiltrationswässern einschließlich ihrer möglichen Speicherzeiten und -dauer in Grundwasserleiterkomplexen zu bestimmten Zeitschnitten, ableitbar sein. Diese Untersuchungsergebnisse sollen weitgehend zum Verständnis paläohydrogeologischer Wasseraustauschraten beitragen.

Paläoklimatische Verhältnisse

Die generelle Klärung der paläoklimatischen Verhältnisse ist für die Paläohydrogeologie der Infiltrationsetappe von besonderer Bedeutung. Die Rekonstruktion des vorzeitlichen Klimas ist dabei im wesentlichen auf mögliche Niederschlags-, Versickerungs- oder Verdunstungsgrößen sowie die Erfassung und Darstellung der paläohydrogeologisch bedeutungsvollsten Klimazonen — aride bis humide Zonen — zu beschränken. Vorstellungen über mögliche Intensitäten und Beträge klimatischer Grundgrößen können letztlich aber nur unter Berücksichtigung der paläogeologischen und paläomorphologischen Verhältnisse gewonnen werden.

4. Darstellungsmöglichkeiten von paläohydrogeologischen Faktoren

Paläohydrogeologische Faktoren können in paläohydrogeologischen Karten, Profilschnitten oder Schemata dargestellt werden. Dabei sollten paläohydrogeologische Karten und Profilschnitte vorwiegend für verschiedene, paläohydrogeologisch bedeutungsvolle Zeitabschnitte angefertigt werden, während paläohydrogeologische Schemata besonders zur übersichtlichen Darstellung regionaler paläohydrogeologischer Faktorenanalysen (Abb. 3) geeignet sind.

Sie ermöglichen einen grundlegenden Überblick für die paläohydrogeologische Entwicklungsgeschichte eines Gebietes und geben einen allgemeinen Einblick in die Intensität, den Anteil oder den Wert eines paläohydrogeologischen Faktors für den Betrachtungszeitraum.

5. Auswahl von Anwendungsmöglichkeiten der paläohydrogeologischen Untersuchungsmethodik bei der Klärung der Lagerstättengenese

Die aus der paläohydrogeologischen Faktorenanalyse ableitbaren direkten Hinweise auf die Genese, Erhaltung oder Zerstörung von Lagerstätten werden im folgenden als paläohydrogeologische Kriterien bezeichnet und im Hinblick auf ihre Anwendungsmöglichkeit bei geologischen Sucharbeiten auf Kohlenwasserstofflagerstätten, Lagerstätten fester Minerale und Grundwasserlagerstätten diskutiert. In ihrem Aussagewert sind die einzelnen Faktorenkomplexe für die drei genannten Lagerstättengruppen von unterschiedlichster Bedeutung

Dementsprechend stützen sich die Kriterien auf die verschiedensten Faktorenkomplexe.

Für die Bildung, Erhaltung und Zerstörung von Kohlenwasserstoffakkumulationen sind die paläohydrogeologischen Kriterien (HIESTAND 1966; KARTZEW 1963; PALYS 1968) bislang am besten bearbeitet. Das grundlegendste Kriterium für die Kohlenwasserstofflagerstättenbildung ist die Existenz von Sedimentationsetappen, die die Ablagerung von Kohlenwasserstoffmutter- und -speichergesteinen bedingen, und in ihrem „lagerstättenbildenden" Wert, besonders durch die absolute Zeitdauer und z. T. die Anzahl dieser Etappen charakterisiert werden. Als weiteres Kriterium ist die Intensität des Sedimentationswasseraustausches zu nennen; denn durch die Auspressung sedimentärer Wässer aus tonigen, z. T. als Muttergestein ansprechbaren Sedimenten können organische Stoffe mit ausgepreßt, in speicherfähige Horizonte transportiert und in Abhängigkeit von der Grundwasserfließgeschwindigkeit an geeignete Fallen abgegeben werden.

Ungünstig für die mögliche Bildung von Kohlenwasserstofflagerstätten oder zerstörend sind Infiltrationsetappen zu werten. Analog der Bedeutung der absoluten Dauer der Sedimentationsetappe für die Bildungsmöglichkeit von Lagerstätten bestimmen die Dauer und z. T. auch die Anzahl der Infiltrationsetappen für einen abzugrenzenden geologischen Zeitraum die Zerstörungsmöglichkeit von eventuell vorhandenen Kohlenwasserstoffakkumulationen. Besondere Beachtung verdient in diesem Zusammenhang die Entfernung von Räumen mit möglichen Kohlenwasserstoffakkumulationen zu den Infiltrationsgebieten. Das Eindringen von Infiltrationswässern kann einerseits unter entsprechenden hydraulischen und hydrochemischen Verhältnissen Lagerstätten zerstören, lagerstättenbildungsbegünstigende Sedimentationswässer verdrängen oder sich andererseits mit diesen mischen.

Besonders für die Lagerstättenzerstörung während der Infiltrationszeiten ist daher der geologischen Lagerung der grundwasserleitenden Schichtpakete ganz entscheidende Aufmerksamkeit zu widmen, da diese einen generellen Einblick in die von der Infiltration betroffenen Speicherhorizonte gewährt. Die Infiltrationsetappe wirkt demzufolge am stärksten lagerstättenzerstörend für die zu betrachtende ältere hydrogeologische Geschichte, die die größte Anzahl von Speicherhorizonten erfaßte und die längste absolute Dauer hatte.

Diese grundlegendsten paläohydrogeologischen Kriterien für die Kohlenwasserstoffhöffigkeit stehen natürlich in engster Beziehung zu dem paläohydrodynamischen Verhalten der Wässer. Ihre wesentliche Bedeutung als paläohydrogeologische Kriterien wurde oben bereits genannt.

Grundsätzlich sind Beiträge zur Klärung der Bildung von sedimentären Lagerstätten fester Minerale durch die Paläohydrogeologie möglich (v. HOYNINGEN-HUENE 1963; ROUTHIER 1961; WOROBEW u. a. 1966).

Die paläohydrogeologische Besonderheit der Lagerstättenbildung fester Minerale liegt in der Wirksamkeit sowohl der Sedimentations- als auch der Infiltrationsetappe (BOGDANOW 1968). Bei ersterer erfolgt die Konzentration von Erzen durch die Migration metallführender Sedimentationswässer in Auswirkung der diagenetischen Verfestigung erzführender Sedimente, soweit diesen die erforderlichen Reduktionsbedingungen für die Erzabscheidung fehlen. Während der Infiltrationsetappe wird die Lagerstättenbildung durch die Lage eines Erzlieferanten im Einzugs- und Lösungsbereich von Oberflächen- und Grundwässern gegeben. Die Räume der Nutzstoffanreicherung werden weitgehend durch besondere hydrochemische Verhältnisse (reduzierendes Milieu) charakterisiert sein und bevorzugt in Abfolgen mit faziell abnehmender Durchlässigkeit lagern. Zudem sind aus der geologischen Lagerung der grundwasserleitenden Schichtkomplexe während eines Zeitabschnittes günstige Lagerstättenbildungsbedingungen u. a. wie folgt abzuleiten:

Treten z. B. mineralisierte Wässer im Einzugsgebiet lokaler artesischer Becken auf, führt dies zu einer lang anhaltenden gerichteten Filtration von sauerstoffhaltigen minerogenen Wässern durch die permeablen Horizonte, die zu einer kontinuierlichen, hydatogenen Konzentration der Metalle führen kann. Letztlich wird die Höhe der Erzkonzentration auch dieser Lagerstätten sowohl von der absoluten Dauer als auch der Anzahl der Infiltrationsetappen bestimmt sein.

Auch für die Erkundung von Grundwasserlagerstätten können grundlegende Gedanken über die Anwendungsmöglichkeit der paläohydrogeologischen Arbeitsmethodik entwickelt werden. Die paläohydrogeologische Analyse eines Untersuchungsraumes liefert Hinweise über die Genese gegenwärtig herrschender hydrogeologischer Lagerungsverhältnisse, hydrogeologischer und hydrochemischer Parameter und vor allem über die zeitliche Variabilität dieser Bedingungen. Damit wird sie ein bedeutendes Hilfsmittel für die prognostische hydrogeologische Regionalanalyse und für Sucharbeiten auf Grundwasser.

Außerdem können mit Hilfe paläohydrogeologischer Kriterien subrezente bis fossile Grundwasserlagerstätten prognostiziert werden, eine Problematik, die besonders in ariden Räumen auftreten kann.

Zusammenfassung

Ausgehend von der besonderen Bedeutung der Paläohydrogeologie werden sieben paläohydrogeologische Faktorenkomplexe herausgearbeitet. Sie umfassen im wesentlichen die Hauptaufgaben der paläohydrogeologischen Forschung. Für die einzelnen Faktorenkomplexe werden kurz deren Inhalt, die Methodik ihrer Herausarbeitung und ihre paläohydrogeologische Aussagekraft skizziert. Abschließend werden diese Faktoren in ihrer Bedeutung für geologische Sucharbeiten diskutiert und Kriterien, die Hinweise auf die Bildung, Erhaltung und Zerstörung von Lagerstätten der Kohlenwasserstoffe, fester Minerale und des Grundwassers liefern, skizziert.

Резюме

Исходя из особого значения палеогидрогеологии, разрабатываются семь палеогидрогеологических комплексов факторов. Они охватывают в основном главные задачи палеогидрогеологического исследования. Для каждого комплекса факторов приводятся коротко содержание, методика разработки и степень палеогидрогеологического высказывания. В заключение обсуждаются эти факторы и их значение для геологических поисковых работ и приводятся критерии, которые дают указания на образование, сохранность и разрушенць месторождений углеводородов, твердых минералов и грунтовой воды.

Zeitschrift für angewandte Geologie, Bd. 15 (1969), Heft 7

Summary

The special importance of palaeohydrogeology is emphasized and seven palaeohydrogeological complexes of factors are worked out. They mainly deal with the main problems of palaeohydrogeological research and include the content of the individual complexes of factors, the technique of their elaboration, and their palaeohydrogeological force of statement. Finally, these factors are discussed with respect to their importance to geological prospecting and criteria providing informations on the formation, conservation and destruction of deposits of hydrocarbons, solid minerals and ground water are briefly outlined.

Literatur

BOGDANOW, J. W.: Genetische Klassifikation stratifizierter Kupferlagerstätten. – Z. angew. Geol., 14, 8, 406–415, Berlin 1968.
CHAVE, K. E.: Evidence on history of sea water from chemistry of deeper subsurface waters of ancient basins. – Bull. Amer. Assoc. Petrol. Geol., 44, 3, 357–370, Tulsa 1960.
DEGENS, E. T.: Geochemie der Sedimente. – Enke-Verl., Stuttgart 1968.
ENGELHARDT, W. v.: Der Porenraum der Sedimente. – Springer-Verl., Berlin–Göttingen–Heidelberg 1960.
GUREWITSCH, W. I.: Über die Verteilung von Brom in chlorhaltigen Wässern. – Z. angew. Geol., 8, 1, 36–38, Berlin 1962.
HIESTAND, T. D.: Petroleum migration, accumulation a palaeohydrogeologic concept. – Oil Gas J., 64, 29, 130–132, Tulsa 1966.
HOYNINGEN-HUENE, E. v.: Zur Paläohydrogeologie des Oberrotliegenden und des Zechsteins im Harzvorland. – Ber. geol. Ges. DDR, 1 (Sonderh.), 201–220, Berlin 1963.
JONES, P. H.: Geochemical hydrodynamics – a possible key to the hydrology of certain aquifer system in the northern part of the Gulf of Mexico Basin. – 23. Int. Geol.-Kongr., 17, 113–126, Prag 1968.
KARTZEW, A. A.: Hydrogeologie von Erdöl- und Erdgaslagerstätten. – Gostoptechisdat, Moskau 1963.
KARTZEW, A. A., & S. B. WAGIN: Paläohydrogeologische Untersuchungen über die Bildung und Zerstörung erdöl- und erdgasführender Sedimente. – Sowjetskaja Geologija, 5, 104–121, Moskau 1962.
KOSLOW, A. L.: Probleme der Geologie von Naturgasen. – Gostoptechisdat, Moskau 1950.
KRJUKOW, P. A., u. a.: Porenlösungen und ihre Untersuchungsmethoden. – Isdat. Nauka i Technika, Minsk 1968 (Sammelbd.).
LJUBOMIROW, B. N.: Die paläohydrogeologischen Bedingungen bei der Bildung der Erdöl- und Erdgaslagerstätten der Timan-Petschora-Provinz. – Sowjetskaja Geologija, 6, 11, S. 89–99, Moskau 1963.
MUCHIN, J. V.: Über die Untersuchungsmethodik der Tonsteinkompression in Zusammenhang mit der Erdölbildung. – Novosti neftjanoj techniki, ser. geol., 4, GOSINTI (1960).
MÜLLER, E. P.: Hydrogeochemische Methoden in der Geologie. – Ber. dt. Ges. geol. Wiss., B, Miner. Lagerstättenforsch., 13, 2, 263–273, Berlin 1968.
MÜNNICH, K. O.: Isotopen-Datierung von Grundwasser. – Naturwiss., 55, 4, 158–163, Berlin 1968.
PALYS, J.: L'origine des saumures dans les sédiments limniquo-paraliques du Carbonifère de la Haute Silésie. – 23. Int. Geol.-Kongr., Prag, 17, S. 81 bis 94 (1968).
PHILLIP, W., H. FÜCHTBAUER u. a.: Zur Geschichte der Migration im Gifhorner Trog. – Erdöl u. Kohle, 16, 6, 456–468, Hamburg 1963.
PINNEKER, E. V.: Die Bestimmung der Fließrichtung und Fließgeschwindigkeit unterirdischer Wässer in tiefen Schichten der Tafelländer. – Steir. Beitr. Hydrogeol., Jg. 1966/67, 289–310, Graz 1967.
PROSLJAKOW, B. K.: Die Abhängigkeit der Speichereigenschaften von der Lagerungsteufe und der lithologischen Zusammensetzung des Gesteins. – Geol. nefti i gasa, 4, 12, 24–29, Moskau 1960.
ROUTHIER, P.: Einige moderne Richtungen auf dem Gebiet der Erzlagerstättengeologie in Frankreich. – Wiss.-techn. Inform.-Dienst zentr. geol. Inst., Berlin, 2, 7, 3–20, Berlin 1961.
SAMSONOW, F. P.: Methodik der quantitativen Einschätzung der hydrodynamischen Bedingungen in erdöl- und erdgashöffigen Becken. – Geol. nefti i gasa, 12, 6, 21–25, Moskau 1968.
SCHOELLER, H.: Géochimie des eaux souterraines. Application aux eaux de gisements de pétrole. – Rev. Inst. Pétrole et Ann. des Combustibles liquides, 10, 507–552, Paris 1955.
WOROBEW, V. P., & G. W. GRUSCHEWOJ: Genese von exogenen Uranlagerstätten in Sedimentgesteinen. – Geologija rudnych mestoroshdenij, 3, 84–98 (1966).
SAJZEW, K. J.: Eine Analyse der hauptsächlichen Hypothesen zur Bildung von salzhaltigen Wässern und Solen im Lichte neuester Erkenntnisse. – Sowjetskaja Geologija, 11, 1, 57–67, Moskau 1968.

Beiträge zur Erdölgeologie der UdSSR

HANS HETZER, Berlin

1. Einleitung

Mit vierjähriger Verspätung wurden jetzt durch das Organisationskomitee des 22. Internationalen Geologenkongresses, der im Dezember 1964 in der Hauptstadt der Indischen Union, New Delhi, stattfand, die ersten Exemplare des „International Geological Congress, Report of the Twenty-Second Session, India 1964" vorgelegt. Unter ihnen befinden sich als „Teil I — Erdölgeologie" die in der gleichnamigen Sektion während des Kongresses gehaltenen Vorträge.

Obwohl die in dieser Veröffentlichung niedergelegten Ergebnisse nicht dem allerneuesten Stand entsprechen, lohnt es sich doch, eine etwas gründlichere Auswertung vorzunehmen. Das ergibt sich vor allem, wie bereits in einem Kurzbericht über den Kongreß (HETZER 1966)[1]) hervorgehoben wurde, daraus, daß im Rahmen der Sektion Erdölgeologie durch eine Reihe sowjetischer Beiträge ein zusammenfassender Überblick über die erdöl-erdgas-führenden und -höffigen Gebiete der UdSSR und über neue Erkundungsergebnisse vermittelt wurde. Dabei sind insbesondere auch solche Gebiete berücksichtigt, die durch ihre Entwicklung in den letzten Jahren noch bedeutsamer geworden sind, wie Westsibirien, die Sibirische Plattform, das Wolga—Ural-Gebiet, der Ferne Osten, Mittelasien u. a.

In den Berichten wurde teilweise eine Zusammenfassung von Materialien vorgenommen, die in der umfangreichen sowjetischen Erdölliteratur bereits an verschiedenen Stellen verstreut publiziert waren, aber auch viele damals neue Ergebnisse mit eingeschlossen. Manches davon ist auch heute noch von aktuellem Interesse, da in der geologischen Literatur der DDR umfassende Übersichten über die regionalen erdölgeologischen Verhältnisse der UdSSR relativ selten sind.

Eingang des Manuskripts in der Redaktion: 4. 3. 1969.

[1]) Ber. dt. Ges. geol. Wiss., A, 11 (1966), S. 237–243.

2. Erdöl-erdgas-führende Becken

In dem als globale regionale Einschätzung zu wertenden Beitrag von W. G. WASSILJEW, S. P. MAXIMOW & A. A. TROFIMUK „Erdöl- und erdgas-führende Becken der UdSSR" versuchen die Autoren, zunächst eine Definition des Begriffes „Erdöl-erdgas-führendes Becken" zu geben. Vom geotektonischen Standpunkt verstehen sie darunter

„verschiedenartige Depressionen in temporären Strukturen der Erdkruste, die meist durch alt angelegte Einsenkungen charakterisiert sind; sie sind zusammengesetzt aus verhältnismäßig mächtigen Formationen sedimentärer Gesteine, enthalten Akkumulationen von Erdöl und Erdgas, deren Verteilung durch die Besonderheiten der geologischen Struktur jedes Beckens bestimmt und individuell durch die hydrogeologischen Verhältnisse charakterisiert wird".

Dabei wird hervorgehoben, daß erdöl-erdgas-führende Becken vom hydrogeologischen Standpunkt aus mehr oder weniger geschlossene Systeme sind, in dem Sinne, daß Erdöl und Erdgas, die in einem Becken entstehen, unter günstigen Bedingungen auch in diesem Becken erhalten bleiben.

Entsprechend ihrer Lage zu großen geostrukturellen Elementen werden für das Territorium der UdSSR folgende Typen erdöl-erdgas-führender Becken bestimmt:

1. „Intra-Plattform-Becken", innerhalb alter und junger Tafeln (platforms) gelegen;

2. „Subgeosynklinale Becken", ebenfalls auf Tafeln gelegen, aber in der Nachbarschaft von Geosynklinalgebieten und in genetischer Beziehung zu ihnen; das Alter der Sedimente entspricht dem der Gesteinsfolgen in der Geosynklinale;

3. „Intermontane Becken", die sich postum als Depressionen auf verfaltetem geosynklinalem Unterbau entwickeln.

Für das Territorium der UdSSR wurde in einer großen Gemeinschaftsarbeit eine Höffigkeitskarte erarbeitet, in der die einzelnen erdöl-erdgas-führenden Becken nach dem Grad ihrer Höffigkeit bewertet wurden. Leider erfolgt die Wiedergabe der Karte in einem so kleinen Maßstab und in solch schlechter Druckqualität, daß sie kaum einen Eindruck hinterläßt und die für ihre Zusammenstellung aufgewendete immense Arbeit nur durch den Vergleich mit gleichartigen Aufgaben in der DDR erahnt werden kann.

Die gesamte erdöl-erdgas-höffige Fläche der UdSSR wird auf rd. 11,9 Mill. km² geschätzt. Von dieser Fläche entfallen 61,6% auf Gebiete mit Intra-Plattform-Becken, 25,5% auf subgeosynklinale Becken und 12,9% auf Gebiete mit intermontanen Becken.

Die größte Höffigkeit wird dabei den Tafelgebieten und den subgeosynklinalen Becken gegeben. Von den einzelnen großen erdöl-erdgas-führenden Becken wird besonders Westsibirien hervorgehoben, wo die höffige Fläche ein Gebiet von rd. 2,3 Mill. km² umfaßt, in dem marine Kreide, Paläogen und vermutlich terrigenes Neogen gefaltetes Paläozoikum überlagern. Als Dimensionen der größten Strukturen werden 300 bis 400 km Länge und Amplituden von 700 bis 800 m Höhe angeführt.

Die in den letzten Jahren erfolgte Entdeckung von riesigen Erdöl- und Erdgaslagerstätten in Westsibirien, das in der nächsten Zeit eine wesentlich größere Bedeutung als das Wolga—Ural-Gebiet, das jetzige Hauptfördergebiet der UdSSR, erlangen wird, ist sowohl ökonomisch als auch wissenschaftlich außerordentlich wertvoll. Nach verschiedenen Experteneinschätzungen wurde bis in die jüngste Zeit angenommen, daß große Erdöl-Erdgas-Lagerstätten nur in den randlichen Gebieten der Tafeln, die in Verbindung mit geosynklinalen Becken stehen, zu erwarten seien. In den zentralen Gebieten der Tafeln sollten nur verhältnismäßig geringe Erdöl-Erdgas-Akkumulationen auftreten. Das Beispiel Westsibirien beweist, daß diese Einschätzungen nicht zutreffen und daß auch in den zentralen Teilen der Tafeln riesige Ansammlungen von Erdöl und Erdgas möglich sind.

Wie bereits angeführt, ist das Wolga—Ural-Gebiet die gegenwärtig wichtigste und ökonomisch bedeutendste erdölfördernde Region der UdSSR. Es umfaßt eine Fläche von etwa 740000 km² und ist im Vergleich mit anderen Gebieten durch Bohrungen und Geophysik gut untersucht. Am intensivsten erforscht sind die Gebiete der Tatarischen und Baschkirischen ASSR sowie die nördlichen Teile der Regionen von Orenburg und Kuibyschew. Weitere Erkundungsgebiete sind die Region von Perm und die südlichen Bereiche der Regionen von Orenburg und Kuibyschew. Die Ölführung ist vorwiegend an Riffkalke des Perms und Sedimente des Devons und Karbons gebunden.

Das Wolga—Ural-Gebiet ist mit den Faltenzonen des Urals durch eine subgeosynklinale Einsenkung verbunden. Sie ist bereits kaledonisch angelegt, wird durch die schmale prävariszische Vorsenke des Urals überlagert und ist mit mächtigen Sedimenten des Perms angefüllt. Mögliche Beziehungen zwischen dieser subgeosynklinalen Einsenkung und den benachbarten paläozoischen Gebieten hinsichtlich der Erdöl-Erdgas-Führung werden angenommen, so daß der weiteren Untersuchung dieser Fragen große Bedeutung beigemessen wird.

Auf andere bedeutsame erdöl-erdgas-führende Becken der UdSSR, wie das Nordkaukasusgebiet, Mangyschlak, Mittelasien, das Buchara—Chiwinsky-Gebiet mit der unikalen Gaslagerstätte von Gasli, die Timan—Petschora-Senke, Ostsibirien u. a., wird nur kurz verwiesen.

Zusammenfassend wird hervorgehoben, daß die bisherigen Untersuchungen auf der Russischen, der Mittelasiatischen und der Westsibirischen Tafel jeweils drei charakteristische Bauelemente zeigen: das Fundament, ein mittleres („intermediäres") Stockwerk und das eigentliche Deckgebirge.

Am Beispiel des Baues des Westsibirischen Tieflands und der Ostsibirischen Tafel wird gezeigt, daß die intermediäre Struktureinheit ehemalige intermontane Senken umfassen kann. Sie hat ihren speziellen Strukturbau und ein eigenes hydrogeologisches Regime, das nicht mit dem überlagernden Stockwerk korrespondieren muß. Besondere physikochemische Bedingungen können dabei zur Bildung eigenständiger erdöl-erdgas-führender Becken innerhalb dieser intermediären Struktureinheit geführt haben.

Im Westsibirischen Tiefland besteht die intermediäre Struktureinheit aus tiefen, grabenförmigen Einsenkungen, die mit Sedimenten des Perms und den Schichtenfolgen von Trias bis Rhät angefüllt sind; auf der Ostsibirischen Tafel finden sich Sedimente des Sinischen Systems, die von Unterem Paläozoikum überlagert werden. Schließlich wird darauf hingewiesen, daß in vielen Fällen in den intermediären Struktureinheiten kontinentale Formationen vertreten sein können.

In Verbindung mit einer Höffigkeitskarte wird auf drei Tabellen folgende Charakteristik für die bekannten und vermuteten erdöl-erdgas-führenden Becken der UdSSR gegeben:

Tab. 1. Intra-Plattform-Becken

Bezeichnung	höffige Fläche in 1000 km²	durchschnittliche Mächtigkeit der Sedimente in km	stratigr. Alter d. sedimentären Komplexe
Baltische Senke	174,3	1,7	Paläozoikum
Bjelorussisch-ukrainische Senke	127,0	3,2	Paläozoikum – Mesozoikum
Mittelrussische Senke	628,0	2,0	Paläozoikum
Perikaspische Senke	604,6	5,0	Paläozoikum
Mesen-Becken	120,4	2,8	Paläozoikum
Ustjurt-Becken	179,7	2,7	Meso-Känozoikum
Kysylkum	326,1	1,8	Mesozoikum
Westsibirien	2342,3	2,0	Mesozoikum
Anabaro – Lena-Becken	366,3	3,0	Paläo-Mesozoikum
Sibirische Tafel	1446,9	3,0	Paläozoikum
Irkutsker Becken	568,3	3,0	Paläozoikum
Kolima-Becken	432,7	2,0	Paläo-Mesozoikum
insgesamt	7316,6	2,9	

Tab. 2. Subgeosynklinale Becken

Bezeichnung	höffige Fläche in 1000 km²	durchschnittliche Mächtigkeit der Sedimente in km	stratigr. Alter d. sedimentären Komplexe
Wolga – Ural-Gebiet	741,1	2,8	Paläozoikum
Karakum	502,8	3,0	Meso-Paläozoikum
Karpatenvorsenke	8,4	3,0	Meso-Känozoikum
Schwarzmeer – Kuban-Gebiet	209,4	3,5	Meso-Känozoikum
Timan – Petschora-Senke	284,9	2,9	Paläozoikum
Mittelkaspigebiet	261,7	4,0	Meso-Känozoikum
Zentraljakutisches Tiefland	881,5	3,0	Paläo-Mesozoikum
Vorkarpaten – Balkan-Zone	0,6	2,5	Meso-Känozoikum
insgesamt	2896,4	3,0	

Tab. 3. Intermontane Becken

Bezeichnung	höffige Fläche in 1000 km²	durchschnittliche Mächtigkeit der Sedimente in km	stratigr. Alter d. sedimentären Komplexe
Zentralkarpaten	11,7	3,0	Meso-Känozoikum
Pannonikum	6,3	3,0	Känozoikum
Südkaspisenke	132,2	4,5	Meso-Känozoikum
östl. Schwarzmeergebiet	30,0	2,5	Meso-Känozoikum
Afghano-Tadschikisches Becken	35,7	2,0	Meso-Känozoikum
Fergana-Becken	30,5	3,0	Meso-Känozoikum
Syr-daja-Gebiet	162,4	1,5	Paläo-Mesozoikum
Turgai-Senke	248,8	0,9	Paläo-Mesozoikum
Tengi-Senke	68,4	0,8	Paläozoikum

Fortsetzung Tab. 3

Bezeichnung	höffige Fläche in 1 000 km²	durchschnittliche Mächtigkeit der Sedimente in km	stratigr. Alter d. sedimentären Komplexe
eine Gruppe von intermontanen Becken in den südlichen Teilen Westsibiriens	33,5	3,8	Paläozoikum
eine Gruppe von intermontanen Becken in Kasachstan und Kirgisien	24,5	1,0	Meso-Känozoikum
eine Gruppe von intermontanen Becken im Baikal-Gebiet	36,2	1,5	Meso-Känozoikum
Anadyr-Senke	60,8	1,5	Meso-Känozoikum
Ostkamtschatka	25,3	3,0	Känozoikum
Zentralkamtschatka	100,6	2,0	Känozoikum
Südkamtschatka	259,6	2,3	Känozoikum
eine Gruppe von intermontanen Becken im Amur-Gebiet	270,6	0,7	Meso-Känozoikum
Indigirka-Tiefland	137,6	2,4	Meso-Känozoikum
insgesamt	1 674,7	2,4	

Wie bereits erwähnt, beträgt die gesamte erdöl-erdgas-höffige Fläche der UdSSR danach rd. 11,9 Mill. km², von der mehr als die Hälfte, nach dieser Aufstellung ca. 7,3 Mill. km², auf die Intra-Plattform-Becken entfällt. Dadurch wird die große Bedeutung dieser Beckengebiete unterstrichen.

Ausgehend von der großen theoretischen und praktischen Bedeutung der Untersuchung der erdöl-erdgas-führenden Becken regen die Autoren abschließend an, im Rahmen des Internationalen Geologenkongresses eine spezielle Kommission für die Zusammenstellung einer „Karte der erdöl-erdgas-führenden Becken der Welt" zu bilden. Weiter wird vorgeschlagen, daß sich diese Kommission mit den Prinzipien der Klassifikation von erdöl-erdgas-führenden Becken, Regionen und Gebieten (basins, regions and areas) befaßt.

Im Anschluß daran werden in einer Reihe von Aufsätzen teilweise sehr instruktive Übersichten über Stratigraphie, Tektonik sowie über die Erdöl-Erdgas-Führung der wichtigsten Erkundungs- und Fördergebiete der UdSSR gegeben. Mit diesen Arbeiten werden Ergebnisse und Erkenntnisse vermittelt, die wesentlich zum besseren Verständnis neuer Ergebnisse der sowjetischen Erdöl-Erdgas-Erkundung beitragen. Zusammengenommen vermitteln die Arbeiten einen kurzen Abriß der Erdöl-Erdgas-Geologie der UdSSR.

3. Erdöl-Erdgas-Höffigkeit der Sibirischen Tafel

Mit diesem Problem beschäftigten sich Y. A. PRITULA, W. M. GRIGORIEW, M. M. MANDELBAUM, S. P. MIKUZKY, K. B. MOKSHANZEW & D. S. SOROKOW. Ihre Arbeit gewinnt besonderes Interesse dadurch, daß in ihr eine kurze Beschreibung des Irkutsker Beckens gegeben wird, in dem 1962 mit der Erschließung eines industriell bedeutenden Erdölzuflusses aus kambrischen Dolomiten in der Bohrung Markowo einmal die Erdöl-Erdgas-Führung Sibiriens bewiesen und damit eine überwältigende Serie von Erkundungserfolgen eingeleitet wurde; zum anderen konnten aber auch durch den Nachweis von Erdöl im Kambrium völlig neue Perspektiven für die Such- und Erkundungstätigkeit in Gebieten mit paläozoischen Ablagerungen erschlossen werden.

Die heute erzielten Erfolge bestätigen die 1964 gegebenen Einschätzungen, neben den Erdöllagerstätten konnten im Irkutsker Gebiet bis jetzt Erdgaslagerstätten mit Vorräten von ca. 20 Mrd. m³ nachgewiesen werden. Dazu kommen in den zentralen und östlichen Teilen der Sibirischen Tafel und in der Jakutischen Republik Erdgaslagerstätten mit Vorräten von über 200 Mrd. m³.

4. Erdöl- und Erdgasführung des Westsibirischen Tieflands

F. G. GURARI, J. K. MIRONOW, I. I. NESTEROW, L. I. ROWNIN, N. N. ROSTOWZEW, M. I. RUDKEWITSCH & J. G. ERWIJE geben in diesem Aufsatz einen kurzen Überblick über den geologischen Bau und die Entwicklung des Westsibirischen Tieflands, das das Gebiet zwischen dem Ural im W und dem Jenissei im E umfaßt. Es wird bereits nach den bis 1964 vorliegenden Ergebnissen als eines der größten Erdöl-Erdgas-Becken der Welt bezeichnet.

Das riesige Intra-Plattform-Becken ist angefüllt mit Sedimenten unterschiedlicher Genese des Meso- und Känozoikums, die bis zu 4000 m mächtig sind. Fast geschlossen auf allen Seiten ist das Tiefland von prämesozoisch verfalteten Zonen umgeben, die unter die Tafelsedimente eintauchen.

Im Fundament werden Zonen archaischer, baikalischer, kaledonischer und variszischer Verfaltung unterschieden. Ein zweites Strukturstockwerk innerhalb des Fundaments wird von parageosynklinalen Komplexen des Paläozoikums und teilweise der Schichten von Trias bis Lias gebildet.

Über den Aufbau der Schichtenfolgen des jüngeren Mesozoikums, in dem sich die bis jetzt angetroffenen Erdöl-Erdgas-Lagerstätten befinden, und über die bis 1964 entdeckten Lagerstätten selbst werden einige Angaben gemacht.

Die seitdem eingetretene Entwicklung übertrifft wahrscheinlich alles, was die Verfasser bei ihrer optimistischen Einschätzung der weiteren Perspektiven erwartet hatten. Nach dem Antreffen neuer Erdöllagerstätten in verschiedenen Bereichen des Westsibirischen Tieflands und insbesondere der riesigen Erdgaslagerstätten im N des Gebiets kann es mit voller Berechtigung als das größte aller bis jetzt bekannten erdöl-erdgas-führenden Becken der Welt bezeichnet werden.

Bereits die beiden Erdgaslagerstätten Urengoj, die bisher größte Erdgaslagerstätte der Welt, und Sapolyarnoje bestätigen diese Einschätzung. Sie liegen im „Nordteil des Gebiets Tjumen", wobei unter diesem Begriff ein Territorium etwa 1000 km im NNE von Tjumen verstanden wird, was allein die riesigen Ausmaße dieses Gebietes charakterisiert.

Die Vorräte der Lagerstätte Urengoj sollen rd. 2600 Mrd. m³ betragen. Sie sind an eine Struktur von 95 km Länge und 25 bis 30 km Breite gebunden. Speichergesteine sind Sandsteine des Cenomans mit produktiven Mächtigkeiten bis maximal 150 m (durchschnittlich 45 m). Die Porosität beträgt 20 bis 35%. Die Erdgaslager treten in Teufen zwischen 1000 und 1200 m auf; der Schichtdruck liegt bei 123 at. Aus jeder Sonde können täglich 540000 bis 650000 m³ gefördert werden. Das Gas enthält durchschnittlich 98,6% CH_4, 0,7% Äthan, 0,2 bis 1,3 N_2. Es hat einen Heizwert von 7800 bis 7960 kcal.

Die Lagerstätte von Sapolyarnoje, die ein Gas von fast gleicher Zusammensetzung enthält, liegt rd. 100 km von Urengoj entfernt in einer über 40 km langen und 28 km breiten Struktur. Ihre Vorräte betragen rd. 1500 Mrd. m³.

Beide Lagerstätten stellen damit die vor einigen Jahren beträchtliches Aufsehen erregenden niederländischen Lagerstätten im Gebiet von Groningen weit in den Schatten und haben wesentlichen Anteil an den Gesamterdgasvorräten Sibiriens, die Anfang 1968 mit rd. 5500 Mrd. m³ berechnet wurden ($B + C_1 + C_2$-Vorräte der sowjetischen Klassifikation; alle Angaben nach verschiedenen Aufsätzen in „Gasowaja promyschlenost", Jahrgang 1968, und REMEJEW, O. A., & K. W. OSTROWSKAJA: Urengoj — die größte Erdgaslagerstätte der Welt in „Geologija nefti i gasa", Heft 9, 1968).

Die unermeßlichen Perspektiven des Westsibirischen Tieflands werden noch dadurch unterstrichen, daß bis heute nur die oberen Glieder der mächtigen Sedimentfolgen und die zunächst als am höffigsten angesehenen Gebiete erkundet worden sind.

5. Erdöl- und Erdgasführung im Mesozoikum der epivariszischen Tafel Mittelasiens

Hierzu machten G. A. GABRILJANTS, V. V. DENIZEWITSCH, G. H. DICKENSTEIN, L. G. SCHUKOWSKI, I. P. ZUBOW, N. U. IMASHEW, K. K. MASHRYKOW & W. W. SEMENOWITSCH detaillierte Angaben.

Die epivariszische Tafel Mittelasiens umfaßt ein Gebiet von rd. 1,2 Mill. km². Zu ihr gehören hauptsächlich die Wüsten Kysylkum und Karakum sowie das Ustjurt-Plateau mit der Halbinsel Mangyschlak. Das sedimentäre Deckgebirge der Tafel wird von mächtigen Schichtenfolgen des Meso- und Känozoikums aufgebaut. In ihnen sind seit 1957 bedeutende Erdöl- und Erdgaslagerstätten entdeckt worden. Die Lagerstätte Gasli in der Nähe von Buchara bildete bis zu den Entdeckungen im Westsibirischen Tiefland die größte Erdgaslagerstätte der UdSSR mit einer Förderung von mehr als 4 Mill. m³ täglich. In der jüngsten Zeit wurden besonders auf Mangyschlak neue große Lagerstätten entdeckt.

6. Kriterien für die Akkumulation von Erdöl-Erdgas-Lagerstätten im Wolga—Ural-Gebiet

I. O. BROD, W. A. KIROW, S. P. MAXIMOW, L. I. ROZANOW & P. W. SEIFUL-MULJUKOW berichteten hierüber. Innerhalb der letzten Jahrzehnte wurden im Wolga—Ural-Gebiet über 340 Lagerstätten mit mehr als 1000 Erdöl-Erdgas-Lagern entdeckt. Sie sind an terrigene Formationen des Mittleren und Oberen Devons, kohleführende Formationen des Unteren und Mittleren Karbons sowie Ablagerungen des Perms gebunden. Die größten Erdöl- und Erdgasakkumulationen treten sowohl an den Rändern alter regionaler Aufwölbungen als auch an langgestreckten Zonen oder Gruppen struktureller Hochlagen in den Gebieten mit den größten Sedimentmächtigkeiten auf.

7. Tektonik der erdöl-erdgas-führenden Becken in Mittel- und Zentralasien sowie den angrenzenden Gebieten Sibiriens und des Fernen Ostens

M. I. WARENZOW, W. I. DITMAR, S. M. DOROSHKO, N. T. KURENKOW, A. I. LEWENKO & G. E. RJABUCHIN geben eine kurze Klassifikation der intermontanen und der Intra-Plattform-Becken in den genannten Gebieten.

Neben diesen Beiträgen zur regionalen Erdöl-Erdgas-Geologie der UdSSR enthält der Band eine Reihe weiterer Aufsätze zu generellen Problemen der Genese, Migration und Akkumulation von Kohlenwasserstoffen, zur Erdölgeologie Indiens und einen interessanten Beitrag von I. A. PETERSILIJE über Gas- und Bitumenspuren in magmatischen und metamorphen Gesteinen der Kolahalbinsel — mit neuen Hinweisen auf mögliche Beziehungen zwischen endogenen Prozessen und der Bildung von Kohlenwasserstoffen.

Neue Verfahren der Gesteinszerstörung

A. M. GRIMBERG, UdSSR

In den letzten Jahren macht sich, hauptsächlich dank der Möglichkeit, neue Energiequellen wie z. B. Plasma oder Laser einzusetzen, eine schnelle Entwicklung der Bohrtechnik bemerkbar. Gleichzeitig werden auch alte Bohrmethoden vervollkommnet.

Die Verwendung von Laserstrahlen zum Bohren hat große Perspektiven. Mit ihnen können Energien in der Größenordnung von 1 Mill. W auf 1 cm² konzentriert werden. Die Temperatur im pulsierenden Lichtstrahlbündel eines Rubinlasers ist 20mal höher als die der Sonne. Wenn nötig, kann man mit einem Laser Bohrungen in Diamantkristallen herstellen. Der Kohlenstoff, dessen Schmelztemperatur 2390 °C beträgt, verdampft dabei innerhalb von tausendstel Sekunden. Laserstrahlen kann man zur Herstellung von Sprengbohrungen verschiedenen Durchmessers benutzen. Diese Anwendung ist besonders in Steinbrüchen zur Gewinnung von Baumaterial oder beim Abbau von Schichten in Kohlenlagerstätten geeignet. Das Schema eines Laser-Bohrwerkzeuges ist in der Abbildung dargestellt. Sie zeigt einen Rubinkristall, der von einer Xenon-Impulslampe umgeben ist, die elektrische Impulse in der Größenordnung von 1 Mill. W abgibt.

Die Gesteinszerstörung durch hohe Temperaturen ist auch mit Hilfe des „Wasserstoff"-Bohrens möglich. Hierfür werden Kohleelektroden (die Elektroden können auch aus Wolfram sein) in einer luftgefüllten Kammer angeordnet. Die Kammer muß rechtzeitig mit einem inerten Gas gefüllt werden. Der elektrische Lichtbogen zerlegt die Wasserstoffteilchen in atomaren Wasserstoff. Danach kehrt der Wasserstoff wieder in den ursprünglichen Zustand zurück. Dabei wird ein Wärmeüberschuß frei gesetzt. Es bildet sich eine Flamme mit einer Temperatur von 2111 °C, mit der Bohrungen in Gesteinen hergestellt werden können.

Es gibt viele Projekte zum Bohren unter Verwendung elektrischer Lichtbögen. Sie sind jedoch alle wenig geeignet, weil sehr hohe Spannungen erforderlich sind. Gegenwärtig befinden sich eine Reihe von Varianten dieser Methode im Stadium der Untersuchung, und zwar: elektrische Lichtbögen, die durch Kohleelektroden erzeugt werden, solche, die man von metallüberzogenen Elektroden erhält, Lichtbögen von Kohleelektroden, die in luft- oder sauerstoffgefüllten Kammern angeordenet sind, und Plasmaeinrichtungen.

Als Quelle eines zerstörenden Stroms kann die Oberfläche einer hell glühenden harten Kathode dienen. Die von ihr ausgehenden Elektronen werden durch eine Potentialdifferenz zwischen den Kathoden und dem äußeren Teil der Elektrode erzeugt. Ein Bohren ist dann möglich, wenn das zu zerstörende Gestein als Anode wirkt. In der Praxis ist die Anwendung dieses Verfahrens wegen der notwendigen Abschirmung vor der entstehenden Röntgenstrahlung und der Schaffung eines Vakuums schwierig.

In einem amerikanischen Patent wird eine Methode der Wärmeübertragung von einem Atomreaktor auf eine Lanze beschrieben, die das umgebende Gestein aufschmilzt. Das Hauptproblem hierbei ist das Auffinden eines Materials, das die Wärmeübertragung ermöglicht.

Aus: „Raswedka i ochrana nedr", Heft 8 (1968), S. 62—63.
Übers.: W. TOBIAS, Berlin.

Anmerkung der Redaktion:
Der Verf. beschränkt sich nur auf die Darstellung der Verfahren an sich, ohne dazu Stellung zu nehmen, ob und in welchem Umfang sie geeignet sind, in der Praxis der Bohrtechnik angewendet zu werden. Um mit der Wiedergabe dieses Beitrags keinen falschen Eindruck bei den Lesern zu erwecken, sei hier auf eine der Redaktion vorliegende briefliche Information von Herrn Prof. Dr. ARNOLD, Bergakademie, Freiberg (Sa.), hingewiesen, in der er feststellt, daß gegenwärtig noch keines der unkonventionellen Verfahren geeignet ist, die allgemein übliche mechanische Gesteinszerstörung zu verdrängen. Eine Ausnahme könnte allein bei extrem harten Gesteinen eintreten.

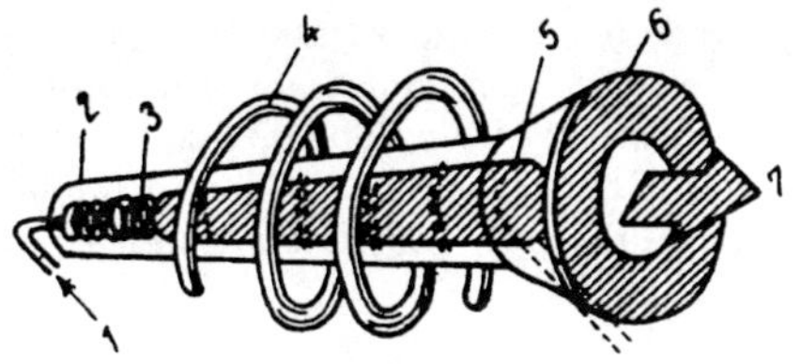

Prinzipschema des Bohrens mit einem Laser

1 — Kühlflüssigkeit; 2 — Glasrohr; 3 — Feder; 4 — Xenon-Impulslampe mit einer Impulsleistung von 1 Mill. Watt; 5 — Rubinkristall; 6 — Abschirmung; 7 — Strahl

Es existieren Varianten der Gesteinszerstörung durch Umwandlung von elektrischer in elektrothermische oder elektrodynamische Energie, wobei dem Widerstand am Kontakt der Gesteine mit dem Bohrwerkzeug ein Strom von hoher Dichte zugeführt wird. Dieser Strom erzeugt zwischen dem Bohrwerkzeug und dem Gestein eine Zone hoher Temperaturen. Luft, die auf die Bohrlochsohle zugeführt wird, kühlt die Gesteine so stark ab, daß sie zerstört werden. Die Methode ist wegen der erforderlichen hohen Spannungen gefährlich.

Die Firma Sigmund Lanka Ross erhielt ein Patent für das B o h r e n m i t D a m p f u n d f l ü s s i g e m S t i c k s t o f f. Mit diesem Verfahren kann man Bohrungen von einem Durchmesser bis zu 457 mm mit einer Geschwindigkeit von 10,7 m/Std. niederbringen. Die Bohranlage ist auf einen Spezialanhänger montiert. Sie funktioniert auf folgende Weise: Zu Beginn wird in eine kleine Bohrung unter niedrigem Druck Dampf eingeführt, der das zu durchbohrende Gestein aufheizt. Danach wird aus der Düse der Anlage überhitzter Dampf mit einer Temperatur bis zu 322 °C unter hohem Druck eingeblasen. Er wirkt auf die Gesteine so ein, daß sie sich ausdehnen. Dabei verdampft das Wasser aus den Klüften; das Porenvolumen vergrößert sich. Dieser Prozeß dauert drei Minuten. Danach wird das Bohrwerkzeug, das die Form einer Garnitur mit einer Düse hat, in eine Höhe gebracht, die dem doppelten Bohrlochdurchmesser entspricht. Durch die Düse wird in diesem Moment Stickstoff mit einer Temperatur von — 160 °C zugeführt. Der hierbei in den bis auf + 272 °C erhitzten Gesteinen auftretende thermische Schlag zerstört sie zu Staub. Der Autor der Erfindung schlägt vor, die Methode nicht nur zum Abteufen von Bohrungen, sondern auch zum Herauslösen der Nutzkomponenten aus Gesteinskomplexen anzuwenden.

Das B o h r e n m i t S t o ß w e l l e n besteht mechanisch darin, daß auf das zu bohrende Gestein eine zerstörende Kraft wirkt, die von Stoßwellen ausgelöst wird. Sie werden durch Flüssigkeit übertragen. Am Ende des Bohrkopfes sind vier isolierte Kathoden angeordnet, zwischen denen Anoden liegen. Die Arbeitsflüssigkeit wird über einen Zentralkanal des Bohrwerkzeugs in die Bohrung geleitet. Aufwärts steigt sie durch den Ringraum zwischen Bohrstrang und Bohrlochwand, wobei sie das zerkleinerte Gestein austrägt. Die Kathoden werden abwechselnd angeregt. Der Funke springt von der Kathode auf die nächste Anode über. Dabei löst er in der Arbeitsflüssigkeit eine Stoßwelle aus, die das Gestein zerstört.

Auch beim V i b r a t i o n s b o h r e n sind neue Prinzipien in Erscheinung getreten. Das Absenken des Bohrstrangs in Übereinstimmung mit der Schwingungsfrequenz erreichte 1400 Resonanzschwingungen pro Minute im Bohrgestänge. Neuesten Vibrationsanlagen für untertägiges Bohren ist das Prinzip der Magnetostriktion zugrunde gelegt. Ein ferromagnetischer Stab vibriert, indem er seine Länge unter der Einwirkung eines magnetischen Wechselfeldes verändert, und zerstört die Gesteine an der Sohle. Die Vortriebsgeschwindigkeit ist hierbei doppelt so groß wie beim schlagenden Bohren. Das Bohrgestänge, aus magnetostriktivem Material hergestellt, ist mit einer Wicklung umgeben, durch die ein Strom geschickt wird. Das Ende der Stange vibriert mit einer Frequenz, die der des zugeführten Stromes gleich ist. Ein Hartmetallmeißel, am Ende der Schlagstange des Bohrwerkzeugs angebracht, zerschlägt das Gestein an der Bohrlochsohle. Zu den Unzulänglichkeiten dieser Methode gehört der große Energieverlust bei der Übertragung.

Anstelle des Magnetostriktors kann in das Bohrgestänge eine Mikroturbine eingebaut werden, die durch die Arbeitsflüssigkeit in Bewegung gesetzt wird.

Eine potentielle Energiequelle für das Bohren stellt d a s P l a s m a dar. Es ist eine Mischung von geladenen Ionen, neutralen Atomen und freien Elektronen und bildet sich aus einem unter hohem Druck stark erhitzten Gas des elektrischen Lichtbogens, das zuerst in Atome und danach in Ionen zerfällt. Für die Arbeit mit diesem Verfahren sind Elektroden und ein Gas notwendig. Das Plasma tritt durch kleine Bohrungen mit einer Geschwindigkeit von 1600 km/Std. bei einer Temperatur von 10000 °C aus. Während der Umwandlung der Ionen in Atome werden große Wärmemengen frei, die jedes beliebige Material schmelzen. Die größte Wirksamkeit hat ein Wasserstoffplasma.

Neben den beschriebenen Methoden hat für die Zerstörung von Gesteinen großer Härte in der Praxis die Anwendung direkter thermischer Methoden Eingang gefunden. Die Bohrköpfe des thermischen Werkzeugs aus Wolfram oder Molybdän werden außen mit Borsalzen überzogen. Das Gestein, das während des Bohrprozesses geschmolzen oder verdampft worden ist, wird mit großer Geschwindigkeit durch Kanäle im Bohrwerkzeug ausgetragen. Innerhalb einer Arbeitsschicht kann ein solches Werkzeug mit einem Durchmesser von 203,2 mm aus den härtesten Gesteinen eine Bohrung von 15 m Länge herausbrennen.

Bekannt ist das B o h r e n m i t e i n e m R e a k t i v s t r o m, der durch große Geschwindigkeiten und hohe Temperatur der Gase ausgezeichnet ist. Als Brennstoff können hierbei Benzin oder Salpetersäure verwendet werden. Spezielle Düsen ermöglichen Gasgeschwindigkeiten bis 3353 m/s mit Austrittstemperaturen bis zu 1767 °C. Die Bohrgeschwindigkeit erreicht bei einem Bohrlochdurchmesser von 76,2 mm in Felsgesteinen 9,14 m/Std. Gesteine können auch unter dem Einfluß von Druck und Wärme zerstört werden, was man durch Rotation eines Bohrwerkzeugs erreicht, das aus hartem, nichtverschleißendem Material hergestellt ist.

Vorgeschlagen wird ein Bohrverfahren mit geschmolzenen Metallen, die Schmelztemperaturen von + 377,8 °C haben. Die Gesteinszerstörung kann unter dem Einfluß von Wärmeschlägen durch abwechselnde Ströme von geschmolzenem Metall und Kühlflüssigkeit erreicht werden.

Alle beschriebenen Verfahren sehen qualitativ neue Methoden der Gesteinszerstörung vor. Neben diesen ist auch eine weitere Vervollkommnung der gebräuchlichen Methoden möglich. Die Vortriebsgeschwindigkeit kann durch Verbesserung der Bohrgarnitur, der Bohrwerkzeuge und der Bohraggregate gesteigert werden. Gegenwärtig werden auch Untersuchungen mit kombinierten Abteufverfahren durchgeführt, z. B. eine Kombination des Thermobohrens (Flammstrahlbohrens) und des Drehbohrens mit thermoresistenten Fräsern.

Eine Vorrichtung zur Entnahme von richtungsorientierten, ungestörten Lockergesteinsproben aus Bohrlöchern

MANFRED LANGE & HELMUT KADO, Berlin

1. Vorbemerkungen

Für eine Beurteilung der physikalisch-mechanischen Eigenschaften von Lockergesteinen sind die Entnahme und Untersuchung von ungestörten Proben notwendig. Bei der Untersuchung von relativ homogen aufgebauten Lockergesteinen, die keine ausgeprägten Trenn- oder Absonderungsflächen aufweisen, wie z. B. Geschiebemergel, ist es meist nicht erforderlich, die ungestörten Proben richtungsmäßig orientiert zu entnehmen. Jedoch kann die Kenntnis der räumlichen Lage bestimmter Absonderungsflächen von geschichteten Lockergesteinen von wesentlicher Bedeutung für die Einschätzung wichtiger ingenieurgeologischer Probleme sein.

Richtungsorientierte ungestörte Lockergesteinsproben konnten bisher, abgesehen von tieferen Baugruben, nur aus Schurfgruben entnommen werden und hier auch nur bis in begrenzte Tiefen von etwa 4 m, da ein Aushub von Schürfen bis in Tiefen von mehr als 4 m technisch nur schwer möglich und ökonomisch meist nicht vertretbar ist. Aus Bohrlöchern entsprechende richtungsorientierte ungestörte Lockergesteinsproben zu gewinnen, war bisher nicht möglich, da sich bei den üblichen Entnahmeverfahren (Rammbär am Seil) der Entnahmestutzen beim Herausholen im Bohrloch dreht und das Ausmaß der Drehung schwer feststellbar ist.

2. Problemstellung

Für eine Hanglagenbebauung auf glazitektonisch beanspruchten Bändertonen als Baugrund im Raume Frankfurt (Oder) werden zur Einschätzung des Rutschverhaltens die genaue Kenntnis der Streichrichtung und des Fallwinkels der Bänderung (Schichtung) sowie der Harnischflächen auch in größeren Tiefen benötigt. In Zusammenarbeit mit der Brunnenbaufirma Klebe, Frankfurt (Oder), wurde daher die im Titel genannte Vorrichtung entwickelt und bei Geländearbeiten erfolgreich eingesetzt. Die Vorrichtung gestattet, in Bohrlöchern aus Tiefen bis über 20 m richtungsorientierte ungestörte Proben zu entnehmen.

Zur Überprüfung der Entnahmevorrichtung wurden in Bereichen bereits abgeteufter Bohrungen, aus denen richtungsorientierte Proben entnommen worden waren, Schurfgruben von etwa 3,5 m Tiefe ausgehoben. Ein Vergleich des Einfallens und der Streichrichtung der in diesen Bereichen auftretenden Bänderungen ergab zwischen Bohrungen und Schurfgruben nur geringe Abweichungen von etwa $\pm 5°$.

Eingang des Manuskripts in der Redaktion: 12. 2. 1969.

3. Die Probenentnahme nach der üblichen Methode

Die Entnahme von ungestörten Proben aus bindigen Lockergesteinen erfolgt im allgemeinen mit Hilfe einer speziellen Rammvorrichtung („Rammbär"). Nach der bisher üblichen Entnahmemethode wird dabei die Rammvorrichtung am Seil (s. Abb. 1, alte Ausführung) in das Bohrloch bis zur Sohle eingebracht. Nach Einmessung der Anfangstiefe wird der Stutzen (lfd. Nr. 10 in Abb. 1) durch den Rammbär (lfd. Nr. 4 in Abb. 1) um einen bestimmten Betrag eingetrieben, dessen Größe von der Beschaffenheit des zu entnehmenden Lockergesteins abhängt. Der Rammvorgang wird unter gleichzeitiger Registrierung der Schlagzahl so lange wiederholt, bis der Stutzen gefüllt ist. Anschließend

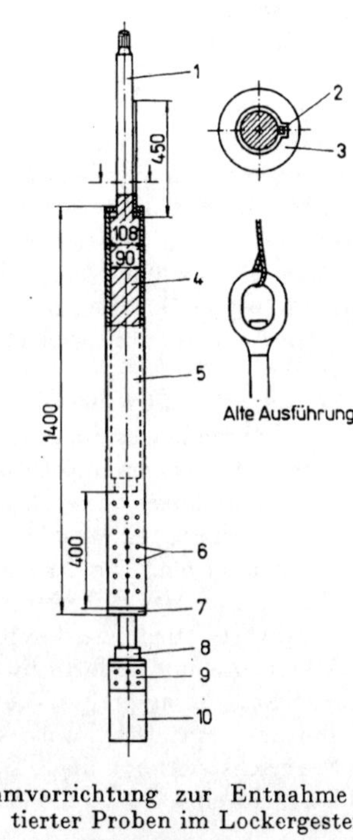

Abb. 1. Rammvorrichtung zur Entnahme richtungsorientierter Proben im Lockergestein

1 — Gestängeteil; 2 — Führungsschiene; 3 — obere Abschlußplatte; 4 — Rammbär; 5 — Außenzylinder; 6 — Aussparungen zum Luft- und Wasseraustritt; 7 — verstärkte Bodenplatte; 8 — Übergangsstück und Aufnahmehülse; 9 — Schlammstutzen; 10 — Entnahmestutzen

Abb. 2. Ungestörte, richtungsorientiert entnommene Bändertonprobe aus 8,90 m Tiefe
(Foto: ZASTROW)

wird die Rammvorrichtung mit dem gefüllten Stutzen, wenn notwendig durch leichte Entlastungsschläge nach oben, aus dem Bohrloch herausgezogen. Hierbei dreht sich bei der Anwendung der gebräuchlichen Methode die Vorrichtung unkontrollierbar, so daß die ursprüngliche räumliche Orientierung des Stutzens nicht mehr feststellbar ist.

4. Die neue Vorrichtung und die Probenentnahme

Im Gegensatz zu der in Abschnitt 3. beschriebenen üblichen Methode ist mit der neuen Vorrichtung eine einwandfreie richtungsorientierte Entnahme ungestörter Proben aus Bohrlöchern möglich, wobei nur relativ einfache, einen geringen Zeit- und Kostenaufwand erfordernde Veränderungen an der üblichen Rammvorrichtung vorgenommen werden müssen:

An Stelle des in Abb. 1 dargestellten Ringes, der zur Befestigung des Zugseils dient, wird ein Gestängeteil mit Gewinde oder besser Vierkantanschluß am Oberteil der Rammvorrichtung angebracht (lfd. Nr. 1 in Abb. 1). An diesen Gestängeteil wird seitlich eine Führungsschiene angeschweißt, die länger sein muß als die Hubhöhe des Rammbären. Damit die Führung der Schiene gewährleistet ist, wird in die obere offene Abschlußplatte (lfd. Nr. 3 in Abb. 1) des Außenzylinders (lfd. Nr. 5 in Abb. 1) eine Aussparung angebracht.

Bei der Probenentnahme mit der neuen Vorrichtung muß folgendes beachtet werden: Vor dem Aufbau der Bohranlage ist als Voraussetzung für die richtungsorientierte Entnahme vom Bohransatzpunkt aus eine bestimmte Richtung, z. B. Nord oder Süd, mit einem Kompaß einzumessen und in einigen Metern Entfernung vom Bohransatzpunkt zu markieren. Diese Arbeit sollte vor dem Aufbau der Bohranlage erfolgen, weil durch die Masse des Motors, der Bohrrohre, des Gestänges usw. Abweichungen der Kompaßnadel und damit Verfälschungen der Ergebnisse entstehen können.

Zum Zwecke der Probenentnahme wird die erste Verlängerungsstange mit dem oberen Gestängeteil der Rammvorrichtung fest verbunden. Bei Gewindeverbindung ist dann zur Orientierung in Verlängerung der Führungsschiene ein Kreidestrich (Ölkreide) am Gestänge zu ziehen. Genauer und zeitsparender ist jedoch die Verwendung einer Vierkantverbindung, da hier das Gestänge im Gegensatz zur Gewindeverbinduug immer an der gleichen Stelle aufgesetzt werden kann, wodurch die etwas umständliche Markierungsarbeit mittels Kreide entfällt; in diesem Falle kann ein Gestänge mit fester Markierung (z. B. Körnung) verwendet werden. Beim Aufsetzen des ebenfalls markierten Entnahmestutzens auf die Bohrlochsohle muß dann die Rammvorrichtung einschließlich Gestänge nach der festgelegten Richtung ausgerichtet werden.

Beim Rammvorgang selbst wird jetzt das eingebaute Gestänge einschließlich des damit fest verbundenen Rammbären angehoben und fallengelassen. Da sowohl das Gestänge und die Rammvorrichtung als auch der Stutzen während der Probenahme durch feste Markierungen auf eine bestimmte Richtung orientiert sind, ist dann beim Ziehen des Gestänges ein Drehen desselben ohne weiteres zulässig.

5. Anwendungsbereich

Die Entnahme richtungsorientierter ungestörter Proben kann in der Ingenieurgeologie und bei der Baugrunduntersuchung eine besondere Bedeutung bei der Beurteilung von Lockergesteinen mit anisotropen Festigkeits- oder Durchlässigkeitseigenschaften, wie z. B. den schon genannten gestauchten Bändertonen oder anderen nicht horizontal oder verschiedenartig ausgebildeten Lockergesteinen, erlangen.

Weiterhin ist die Kenntnis des Streichens und Fallens von Schichten bei der ingenieurgeologischen Bewertung und der Anlage von Böschungen und Einschnitten, z. B. im Verkehrsbau, von Bedeutung.

Aber auch bei der Lösung anderer geologischer Fragen, für die die Feststellung von Schichtneigungen wichtig ist, kann die neue Entnahmevorrichtung eingesetzt werden, z. B. in der Hydrogeologie zur besseren Kenntnis des Verlaufs wasserstauender Schichten, weiterhin zur Lösung von Fragen der Glazialtektonik usw.

Als Beispiel für die Notwendigkeit des Einsatzes der Vorrichtung zur Lösung ingenieurgeologischer Probleme mag die Untersuchung der Scherfestigkeit des Baugrunds in einem Gebiet gelten, in dem gestauchter Bänderton in Hanglage ansteht: Rutschempfindlichkeit und Scherverhalten hängen hier in starkem Maße von der Richtung des Einfallens der Absonderungsflächen (Bänderung, Harnische) ab. Während bisher durch die unkontrollierbare Entnahme die Gefahr bestand, den natürlichen Bedingungen kaum oder nur zufällig entsprechende Werte zu erhalten, kann jetzt der Einbau richtungsorientiert entnommener Proben den natürlichen Bedingungen entsprechend vorgenommen werden, wodurch wirklich reale Werte in die Berechnungsformeln für die Standsicherheit von Bauwerken eingesetzt werden können. Abb. 2 soll dies verdeutlichen. Bei der dargestellten, aus 8,90 m Tiefe entnommenen Bändertonprobe wurden als Streichen und Fallen der Bänderung 35/22 NW gemessen. Rechts im Bild ist hier auch die Markierung zu erkennen, die in diesem Falle die Südrichtung bezeichnet.

Ein weiterer wichtiger Vorteil der Vorrichtung liegt auf ökonomischem Gebiet, wozu ebenfalls ein Beispiel angeführt werden mag: Es interessieren Streichen und Fallen der Schichten eines Bändertons in 4 m Tiefe. Bei einer zu diesem Zweck niedergebrachten Bohrung würden nach den z. Z. gültigen Preisen einschließlich richtungsorientierter Probenentnahme nur etwa 40% der Kosten einer 4 m tiefen Schurfgrube anfallen.

Ein neues Zerkleinerungsgerät zur Pulverisierung kleiner Probenmengen

H. J. RÖSLER & W. SCHRÖN, Freiberg (Sa.)

(Sektion Geowissenschaften der Bergakademie Freiberg, Lehrstuhl für Geochemie/Mineralogie und Bereich Technik I, Sektionsveröffentlichung Nr. 14)

In chemisch-analytischen und anderen Laboratorien sind häufig kleine Probenmengen von < 1 bis 10 g Substanz zu pulverisieren. Industriell gefertigte Zerkleinerungsgeräte sind meist für größere Probenmengen ausgelegt (SPORBECK 1965). Um hohen Reinheitsanforderungen gerecht zu werden, wird deshalb in Ermanglung maschineller Einrichtungen noch häufig in der Achatreibschale von Hand oder mit anderen handbetriebenen Einrichtungen (BLOOM & BARNETT 1955 und WAHLER 1964) zerkleinert. Diese Arbeitsweise ist zeitraubend und bei größeren Probenserien mit starker physischer Belastung des Laborpersonals verbunden.

Zur Mechanisierung des Zerkleinerungsprozesses wurde ein neues Gerät entwickelt (RÖSLER, SCHRÖN, RICHTER & RÄPKE 1966), bei dem sich das Mahlgut in einem vibrierenden Mahlbecher befindet. Die Zerkleinerung erledigt eine im Mahlbecher befindliche Mahlkugel, auf die sich die Vibration überträgt (Abb. 1). Die Vibration des Mahlgutes führt während des Zerkleinerungsprozesses zur Klassierung des Mahlgutes. Der anfangs stattfindenden selektiven Zerkleinerung folgt automatisch ein gleichmäßiges Feinstzerkleinern des Mahlgutes, indem nach Beendigung der Grobzerkleinerung die vertikal schwingende Mahlkugel in eine zusätzliche horizontale Bewegung übergeht. In dieser Hinsicht unterscheidet sich das neue Zerkleinerungsgerät von einigen handelsüblichen Geräten (SPORBECK 1965 und Vibrator nach M. v. ARDENNE), bei denen infolge Polsterwirkung des Mahlgutes der Zerkleinerungsprozeß verzögert wird.

Ein weiterer Vorteil des Gerätes, das bereits von verschiedenen Firmen industriell gefertigt wird (u. a. von der Firma H. Janetzki, K. G., Engelsdorf (SCHRÖN 1968), ist in der Universalität hinsichtlich des Einsatzes der Zerkleinerungswerkstoffe zu sehen. Die Anforderungen an den Zerkleinerungswerkstoff sind je nach Aufgabenstellung bei der Zerkleinerung sehr unterschiedlich; dabei sind Abriebfestigkeit, chemische Zusammensetzung und damit in Verbindung Bearbeitbarkeit und Preis des Werkstoffs von ausschlaggebender Bedeutung. Bei dem neuen Zerkleinerungsgerät werden keinerlei Einschränkungen in bezug auf den Zerkleinerungswerkstoff gemacht. Das Gerät läßt sich sowohl mit Mahlwerkzeugen aus Hartporzellan oder Stahl als auch mit den außerordentlich abriebfesten Mahlwerkzeugen aus Achat und speziellen Hartmetallen ausrüsten. Auf diese Weise ergeben sich u. a. Einsatzmöglichkeiten in der Spurenanalytik. Bei Ausrüstung des Gerätes mit abriebfesten Mahlwerkzeugen wie Hartmetall Widia, Achat oder Feuerstein (Flint) (RÖSLER 1963) kann das Einschleppen von Verunreinigungen in das Mahlgut während des Zerkleinerungsprozesses verhindert werden.

Das Gerät eignet sich ferner zur Zerkleinerung besonders harter bzw. in verschiedener Hinsicht schwer zerstörbarer Materialien (zähhartes, duktiles und feuchtes, klebendes Probengut) sowie zur Zerkleinerung unter Luftabschluß (in flüssigem Medium). Je nach Eigenschaften des Mahlgutes werden unterschiedliche An-

Eingang des Manuskripts in der Redaktion: 20. 12. 1968.

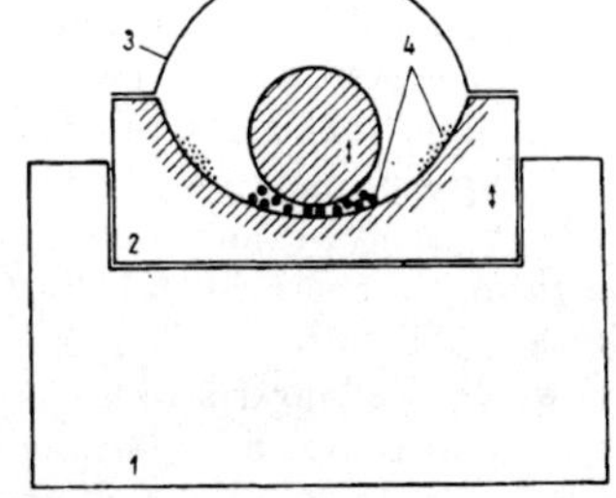

Abb. 1. Schematischer Aufbau des neuen Zerkleinerungsgerätes

1 — Grundgerät mit Vibrator, 2 — vibrierender Mahlbecher mit Mahlkugel, 3 — durchsichtige Schutzhaube, 4 — Mahlgut
schraffiert: abriebfester Zerkleinerungswerkstoff

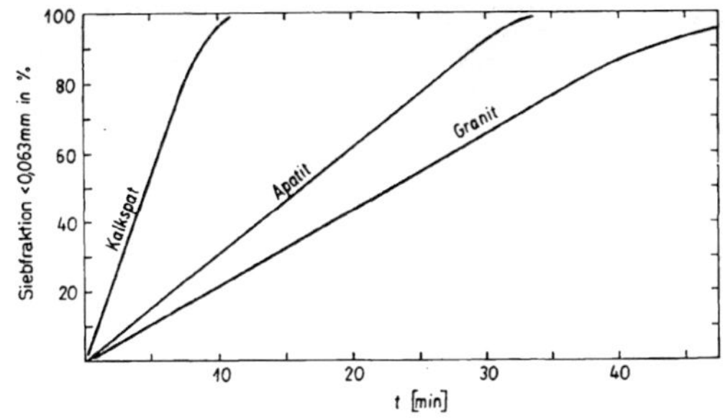

Abb. 2. Abhängigkeit der Mahldauer von der Härte des Mahlgutes. Die Angaben gelten für jeweils 3 g Mahlgut.
Korngröße des Ausgangsmaterials: 0,63 bis 2,5 mm, Zerkleinerungswerkstoff: Achat

forderungen an die Leistungsfähigkeit gestellt. Die Leistung ändert sich mit der Energie der vertikal schwingenden Mahlkugel. Diese Energie läßt sich über einen Widerstand sowie mit dem Gewicht der Kugel ändern. Bei sehr hohen Schlagenergien sind spröde Zerkleinerungswerkstoffe wie Achat ungeeignet, man verwendet dann vorzugsweise Stahl und Widia.

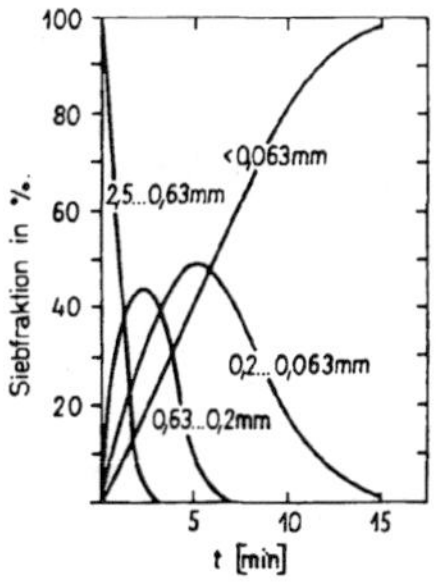

Abb. 3. Wechsel des Anteils bestimmter Kornfraktionen bei der Zerkleinerung von 1 g Apatit. Die aus 20 Einzelwägungen frei extrapolierten Kurven geben näherungsweise die zeitliche Änderung der Korngrößenanteile an.
Korngröße des Ausgangsmaterials: 0,63 bis 2,5 mm, Zerkleinerungswerkstoff: Achat

Abb. 2 und 3 zeigen einige Mahlergebnisse. Als Probenmaterial für die den Abbildungen zugrunde liegenden Versuchsreihen dienten die Minerale Kalkspat (Härte 3 nach MOHS), Apatit (Härte 5 nach MOHS) und ein Gestein. Es wurde mit Achatmahlwerkzeugen und mittleren Schlagenergien gearbeitet. Das Gewicht der Mahlkugel betrug 165 g. Der Zerkleinerungsvorgang wurde in Abständen von 3 Minuten unterbrochen. Die zu den Diagrammen führenden Meßwerte resultieren aus Siebanalysen. Dabei ist zu bemerken, daß bei dieser Verfahrensweise die obenbeschriebene Trennung von Grob- und Feinzerkleinerung nicht voll zur Entfaltung kam. Die erforderliche Mahldauer ist von der Härte des Mahlgutes abhängig (Abb. 2), ferner von der Menge des Mahlgutes. Während beispielsweise unter den gewählten Bedingungen zur Pulverisierung von 1 g Apatit 15 Minuten völlig ausreichen (Abb. 3), steigt bei 3 g Apatit die Mahldauer auf über das Doppelte (Abb. 2). Hinsichtlich der Gesteinsprobe (Granit) ist zu bemerken, daß bei einer Probenmenge von 1 g die Mahldauer wesentlich geringer ist als in Abb. 2. Diese Werte sind nicht dargestellt worden, weil bei der Zerkleinerung von Gesteinsproben aus verschiedenen Gründen wesentlich größere Mengen verwendet werden und deshalb zur Zerkleinerung von Gesteinsproben in der Regel Geräte anderen Typs einzusetzen sind.

Abschließend läßt sich als Ergebnis der Testversuche feststellen, daß unter den angegebenen Bedingungen bei geschickter Abstimmung der Probenmenge zahlreiche Materialien in 10—15 min pulverisiert werden können. Durch Einsatz von Widia-Mahlwerkzeugen wird die Effektivität des Zerkleinerungsvorganges noch wesentlich erhöht. Das Gerät läßt sich in chemisch-analytischen Laboratorien unterschiedlichster Aufgabenstellung sowie in Spektral- und Röntgenlaboratorien, Apotheken und zahlreichen anderen Einrichtungen einsetzen.

Zusammenfassung

Es wird ein neues, universell verwendbares Zerkleinerungsgerät beschrieben, bei dem eine vibrierende Mahlkugel das Mahlgut selektiv zerkleinert. Dieses Gerät kann je nach Aufgabenstellung mit Hartporzellan, Achat, Stahl, Widia-Hartmetall und anderen Zerkleinerungswerkstoffen ausgestattet werden. Es werden Angaben über die Leistungsfähigkeit des Gerätes an Hand von Diagrammen gemacht. Die Mahldauer ist von der Härte und von der Menge des Mahlgutes abhängig und läßt sich außerdem über einen elektrischen Widerstand regeln.

Резюме

Описывается новый универсальный измельчающий прибор, в котором вибрирующий дробящий шар селективно измельчает размалываемый материал. Этот прибор может быть оснащен в зависимости от назначения твердым фарфором, агатом, сталью, твердым сплавом видиа и другими измельчающими материалами. Приводятся данные о производительности прибора на основе диаграмм. Длительность дробления зависит от твердости и от количества размалываемого материала и может регулироваться посредством электрического сопротивления.

Summary

A new universal crushing device is described, by which the material to be ground is selectively crushed by a vibrating ball. According to the problem to be solved it can be fitted with hard porcelain, agate, steel, Widia carbide, and other crushing materials. By means of diagrams the efficiency of the device is described. The grinding time depends on the hardness and quantity of the material to be ground and, morever, can be regulated by way of an electric resistance.

Literatur

ARDENNE, M. v.: Vibrator DDR GM 9458.

BLOOM, H., & P. R. BARNETT: A new ceramic buckboard and muller. — Analytical Chemistry, 27, 1037—1038 (1955).

RÖSLER, H. J.: Reibschalen aus Feuerstein. — Bergakademie, 15, 429—430 (1963).

RÖSLER, H. J., W. SCHRÖN, W. RICHTER & S. RÄPKE: Zerkleinerungsgerät, vorzugsweise für Minerale und Gesteinsproben zur Spurenanalyse. — DWP 52004 Kl. 42 l, 13/01 (1966).

SCHRÖN, W.: Neue Geräte für die Fachgebiete Mineralogie, Geochemie und Lagerstättenkunde auf der Leipziger Frühjahrsmesse 1968. — Bergakademie, 20, 422—426 (1968).

SPORBECK, H.: Technische Hilfsmittel der Probenahme und der Probevorbereitung. — Z. anal. Chem., 209, 1. Heft, 60 (1965).

WAHLER, W.: Mechanische und chemische Aufbereitung von Mineralen und Gesteinen für geochemische Spurenanalysen. — N. Jb. Miner., Abh. 101, 109—126 (1964).

Lehrbriefe

Bergakademie Freiberg

Sektion Geowissenschaften
Kommission Erziehung, Aus- und Weiterbildung
Arbeitsbereich Weiterbildung

3. Mitteilung

In Fortsetzung der 1. und 2. Mitteilung über das Lehrwerk des Fernstudiums auf den Gebieten Mineralogie/Lagerstättenlehre bzw. Geologie möchten wir heute die im Zwischenzeitraum ausgedruckten internen Lehrbriefe vorstellen.

Von der Lehrbriefreihe Erzlagerstätten ist Heft 6 (Autoren: O. OELSNER †, L. BAUMANN, B. TÖLLE) erschienen. Es beinhaltet auf 77 Seiten die Kupfer-Eisen-(Arsen-Schwefel-)Formation und die Blei-Zink-Silber-Formation; die wichtigsten Lagerstätten der einzelnen Abfolgen sind meist mit Profilen, geologischen Skizzen oder Schnitten charakterisiert. Der 7. Lehrbrief ist im Druck.

Die Reihe Lagerstätten der Steine und Erden wird durch den 2. Lehrbrief (Autoren: H. J. RÖSLER und H.-J. BLANKENBURG) fortgesetzt. In diesem Heft werden auf 165 Seiten Kaolin, Ton, Kies, Sand, Quarzit, Flint und Kieselgur behandelt. Es wird, wie im 1. Lehrbrief, wieder auf die Anforderungen an die Rohstoffe, die Eigenschaften und deren Bestimmung, die Gewinnung und die Veredlung kurz eingegangen. Dann folgt eine ausführliche Beschreibung der Lagerstätten der DDR, wobei eine Auswahl der Gebiete Sachsens, Thüringens und Mecklenburgs getroffen wurde. Der 3. Lehrbrief ist im Stadium der redaktionellen Bearbeitung; die Manuskripte für Heft 4 und 5 sind kurz vor der Fertigstellung.

Von der Angewandten Petrographie ist ebenfalls der 2. Lehrbrief (Autoren: H. J. RÖSLER und H. LANGE) ausgeliefert worden. Auf 83 Seiten werden die chemische Zusammensetzung und ausführlich der Mineralbestand der Gesteine dargelegt; 34 Abbildungen veranschaulichen das Gesagte. Den Abschluß dieses Heftes bildet das auf 20 Seiten behandelte Gefüge der Gesteine. Der 3. Lehrbrief befindet sich im Druck, Heft 4 und 5 sind in Vorbereitung.

Neu erschienen ist die Einführung in die Polarisationsmikroskopie, 1. und 2. Lehrbrief, von H. J. RÖSLER und L. PFEIFFER. In diesem Doppelheft werden auf 142 Seiten zuerst die Grundlagen der Optik sowie die Konstruktionselemente und der Strahlengang der Polarisationsmikroskope aufgezeigt. Im folgenden behandeln die Autoren die mikroskopischen Präparate, die kristalloptischen Grundlagen, die direkten und indirekten Untersuchungsmethoden sowie die optischen Anomalien. Den Abschluß bilden Bemerkungen zur Auflichtmikroskopie und zur Mikrophotographie.

Die Lehrbriefreihe Allgemeine Geologie wird mit dem 9. Lehrbrief (Autor: J. HOFMANN) fortgesetzt. Das Heft beinhaltet auf 99 Seiten die Erscheinungsformen der Metamorphose, die Grundgesetze und den Mechanismus der metamorphen Kristallisation, des weiteren die Grundtypen der Metamorphose, das Prinzip der Mineralfazies, die Kontaktmetamorphose und ihre Gesteine, die Regionalmetamorphose und ihre Gesteine und die Ultrametamorphose. Das letzte Kapitel beschäftigt sich mit der Verbreitung metamorpher Gesteine in der DDR.

Zu unserer 1. Mitteilung (Z. angew. Geol., H. 2/1969) sind folgende Druckerzeugnisse nachzutragen:

Die Mineralkartei von H. J. RÖSLER, H. MADSEN und O. WEDEKIND beinhaltet auf 100 DIN-A-5-Karten die Eigenschaften, den Chemismus, die Genese, Paragenese und einige Vorkommen von 100 der wichtigsten Minerale.

1961 erschien in Buchausgabe (DIN A 4) der Atlas der wichtigsten Mineralparagenesen im mikroskopischen Bild von O. OELSNER; hier sind auf über 300 Seiten 493 Erzanschliff-Mikrophotographien wiedergegeben.

Die Lehrbriefe betreffende Anfragen richten Sie bitte an den Unterzeichner dieser Mitteilung.

HANS-JOACHIM BLANKENBURG

Eingang des Manuskripts in der Redaktion: 20. 2. 1969.

Besprechungen und Referate

MÜLLER, G., & G. M. FRIEDMAN

Recent developments in carbonate sedimentology in Central Europe

Berlin—Heidelberg—New York: Springer-Verlag 1968. 255 S., 168 Fig., DM 58,—, U.S. $ 14,50

Auf Grund der wirtschaftlichen Bedeutung einiger Sedimentgesteine hat sich die Sedimentpetrographie in jüngster Zeit sprunghaft entwickelt. Dabei standen in den letzten drei Jahrzehnten die Karbonate und Karbonatgesteine im Blickpunkt der Betrachtungen. Anläßlich einer Gastprofessur von G. M. FRIEDMAN am Laboratorium für Sedimentforschung in Heidelberg wurde ein von 90 Spezialisten besuchtes Kolloquium durchgeführt, auf dem 35 Fachvorträge gehalten wurden.

Im vorliegenden Buch ist der Inhalt von 30 dieser Vorträge wiedergegeben. Damit wird ein kurzer Überblick über die bisher auf diesem Gebiet der Karbonatforschung in Mitteleuropa geleisteten Arbeiten gegeben. Zugleich verfolgt das Buch den Zweck, die Leser in englischsprachigen Gebieten mit den Untersuchungsergebnissen an Karbonaten und Karbonatgesteinen in Mitteleuropa nach dem Stand von Mitte 1967 bekannt zu machen. Die verschiedenen Disziplinen zugehörenden Berichte sind in fünf Themenkomplexe zusammengefaßt:

A. Vorgänge der Karbonatbildung und Diagenese (10 Beiträge, S. 1 bis 84): In warmen Meeren fällt $CaCO_3$ als Aragonit in vier Formen aus: Ooide, Nadeln, Zement und Intergranularfüllung. Beim Wachsen der Ooide spielt ihre Bewegung eine Rolle. Ihre Maximalgröße von ca. 1 mm Durchmesser wird als Gleichgewichtszustand zwischen Wachstum und Abrasion angesehen. Als Bindemittel in Karbonatsedimenten wurden Aragonit und hoch Mg-haltiger Kalzit im marinen Bereich, Kalzit mit geringen Mg-Gehalten im Süßwasserbereich angetroffen. Dolomit entsteht frühdiagenetisch an der Erdoberfläche unter dem Einfluß von Meerwasser auf vorherbestehendes $CaCO_3$, spätdiagenetisch in Kalksteinen, wo der Vorgang von deren Porenvolumen gesteuert wird. Im Norsethit sind größere Gehalte an Mg in ein anhydritisches Karbonat eingebaut. Ein spättertiärer

Biokalkarenit auf den Kanarischen Inseln, der zwischen zwei Basalt-Serien liegt, ist von oben her 3 bis 4 m tief dolmitisiert. Das Mg stammt wahrscheinlich aus den hangenden Basalten. In triassischen Karbonatgesteinen ist die Korngröße frühdiagenetischer Karbonatminerale dem Tongehalt umgekehrt proportional. Stylolithen treten in körnigen Gesteinen als Intergranular- und als Aggregatstylolithen auf, für die eine geometrische und genetische Klassifikation gegeben werden. Ihre Bildung durch Pressungsdruck und als Drucklösungserscheinung wird diskutiert. Lösungskontakte können 1. eben oder gekrümmt und 2. glatt oder differenziert sein. Ihre Gestaltung hängt von der relativen Drucklöslichkeit und von den Krümmungsradien der beiden Partner ab.

B. Mikrotexturen und Mikroporosität von Karbonatgesteinen (2 Beiträge, S. 85 bis 105): Die Erkennung diagenetischer Prozesse in Kalksteinen ist durch elektronenmikroskopische Untersuchungen möglich. Verfestigte Karbonatgesteine besitzen bei feinverteiltem Porenvolumen eine geringe Porosität. Die Verteilung des Porenraums stimmt mit derjenigen der Korngrößen überein. Daraufhin wird die jetzige Porosität der untersuchten Karbonatgesteine als Rest ihrer vor der Verfestigung vorhanden gewesenen primären intergranularen Porosität betrachtet.

C. Geochemie von Karbonaten und Karbonatgesteinen (5 Beiträge, S. 106 bis 147): Der Sr-Gehalt mariner Karbonate wird von derem Alter, dem Tonmineralgehalt, der Salinität und dem geologischen Milieu bestimmt. Höhere Sr-Gehalte und das Sr:Ca-Verhältnis sind nach Untersuchungen an Proben aus dem Bodensee keine Indikatoren der Salinität, sondern des Sr:Ca-Faktors in den Gesteinen der Umgebung des Sedimentationsgebiets. An Proben aus dem Unteren Keuper des Wesergebiets sind die Verhältnisse von Dolomit:Kalzit, Ca:Mg der Dolomite und der Mg-Gehalt der Dolomite untersucht.

D. Regionale Karbonatpetrologie

I. Süßwasserkarbonate und -kalksteine (2 Beiträge, S. 148 bis 171): Im Gnadensee (Bodensee) nehmen die aus Kalzit, Dolomit und Aragonit bestehenden Karbonate an Korngröße uferparallel zum Seebecken hin ab. Kalktuffe der Schwäbischen Alb wurden mineralogisch, petrographisch und chemisch untersucht.

II. Marine Kalksteine (10 Beiträge, S. 172 bis 253): Im unterdevonischen Oriskany-Sandstein wurde der Aragonit der Fossilien aufgelöst und als Kalzitzement wieder ausgefällt. Die Deformierungen der rheinischen Riffkalke ergriffen besonders die mikritreichen Kalksteine. Das Staßfurtkarbonat zeigt in NW-Deutschland die milieugebundene Entwicklung von der Beckenfazies bis zur Lagunen-Kalkfazies. Gesteinsbildende Komponenten des Trochitenkalkes und ihre diagenetische Mobilisation werden beschrieben und klassifiziert. Das Gebiet der Hohen Göll ist als Riffkomplex im Dachsteinkalk näher untersucht. Der mitteltriassische Wettersteinkalk enthält verschiedene Typen der Karbonatfazies, die den unterschiedlichen Gebieten eines Riffkomplexes zugewiesen werden konnten. Der „Hauptdolomit" der Lechtaler Alpen stellt die „ultra back-reef" Fazies des gleichaltrigen Dachsteinkalkes dar. Marine Rät- und Jura-Sedimente der nördlichen Kalkalpen werden als fossile Seeböden beschrieben. Regionale Verteilung, Lithologie und Fossilinhalt der Algen-Schwamm-Riffe des Schwäbischen Malms und die Bildung resedimentärer Brekzien werden diskutiert.

E. Anhang — Kalksteinpetrologie (1 Beitrag): Der Wechsel in der Gesteinszusammensetzung, die fazielle Entwicklung, kann durch ständige gasometrische Karbonatbestimmung während des Bohrens ermittelt werden. „Carbonate-logs" werden in Diagrammen des Unteren Zechsteins aus drei Bohrungen im Weser—Ems-Gebiet mitgeteilt.

Die Herausgeber haben den übersichtlich gegliederten Text aller Beiträge knapp gehalten. Ein reichhaltiges Bildmaterial und viele Tabellen unterstützen und bereichern die Ausführungen. Dadurch konnten viele neue Fakten vorgelegt werden. Das Buch wird zu einem Nachschlagewerk für Geologen, Geochemiker, Mineralogen und Sedimentpetrographen. Die drucktechnische Ausstattung ist recht gut.

K. Dette

Berger, A.

Zur Geochemie und Lagerstättenkunde des Mangans

Berlin—Stuttgart: Verlag Gebrüder Borntraeger 1968. Bd. VII, 216 S., 29 Abb., 38 Tab.

Die Arbeit ist als Heft 7 der von Prof. H. Borchert herausgegebenen „Clausthaler Hefte zur Lagerstättenkunde und Geochemie der mineralischen Rohstoffe" erschienen. In ihr wird den Bedingungen nachgegangen, die in den unterschiedlichen geochemischen Milieus zu Transport, Ausscheidung und Anreicherung führten und damit die Voraussetzungen zur Lagerstättenbildung dieses für die Stahlveredlung so wichtigen Elementes gaben.

Die Darstellung erfolgt in sieben Kapiteln: Physikalische und chemische Eigenschaften des Mangans; Manganminerallien und Diadochiebeziehungen des Mangans; Mangan im kosmischen und magmatischen Bereich; Mangan im Verwitterungskreislauf; Mangan im sedimentären Bereich; Mangan in der Hydrosphäre; Mangan im metamorphen Bereich. Eine ausführliche Zusammenfassung beschließt den Textteil.

Nach Kennzeichnung der Elektronenfiguration des Mn werden seine physikochemischen Eigenschaften erörtert. In der Natur sind nur das 2- und 4wertige Mn von entscheidender Bedeutung; das 3wertige Mn tritt wesentlich zurück. Das 2wertige Mn ist im reduzierenden und sauren Bereich stabil und wird vor allem durch die Kohlensäure in leichtlösliche Verbindungen übergeführt. Im oxydierenden Medium wird die Oxydationsstufe des 4wertigen Mn erreicht und bildet so gut wie unlösliche Verbindungen. Die unterschiedlichen Stabilitäten von Fe und Mn in den Eh- und pH-Bereichen sind die Voraussetzung für die Trennung der beiden Elemente und damit für ihre zeitlich differenzierte Ausscheidung und ihre verschiedengestaltige Ausfällung.

Aus den möglichen Vertretbarkeiten ist die Diadochie des 2wertigen Mn mit dem 2wertigen Fe mineralogisch und geochemisch am wichtigsten. Bei der magmatischen Differentiation wird das Mangan(II) vor allem in Olivine, Pyroxene, Hornblenden und Glimmer diadoch eingebaut, was einen Abfall der Mn-Gehalte von Peridotiten zu Graniten von 0,21% MnO bis auf 0,05% bedingt. Im Vergleich der Mn-Gehalte von Erguß- zu Tiefengesteinen gleichen SiO_2-Gehaltes nimmt das „potentielle Lagerstättenmangan" in Richtung auf die sauren Gesteine ab. Selbständige Minerale (MnO-Flußspate und -Silikate) treten dann erst im pegmatitischen Bereich und in meso- bis epithermalen Bedingungen auf.

Die verbreiteten, meist engräumigen hydrothermal-sedimentären Mn-Erzlagerstätten der Schiefer-Hornstein-Formation finden sich sowohl in den jungen Faltengebirgen als auch in älteren Geosynklinalräumen. Ihr oft weit transportiertes Mn entstammt magmatischen Restlösungen und wurde in Verbindung mit Kieselgesteinen sedimentiert.

Größere Mn-Lagerstätten entstehen unter Einfluß der Atmosphärilien im Oberflächenbereich; oft geht hier die lateritische Verwitterung voraus. Terrestrische Verwitterungslagerstätten auf Kalken (Typ Lindener Mark) sind mit Ausnahme der südafrikanischen Lagerstätte Postmasburg wirtschaftlich unbedeutend. Durch nachträgliche Anreicherung sind aus den Produkten einer lang anhaltenden subtropischen Verwitterung aus den Gonditen („protores") — in der Hauptsache Spessartin, Rhodonit und Quarz führende kristalline Schiefer mit Gehalten von 8 bis 25% Mn — die großen Lagerstätten in Indien, Ghana und Brasilien entstanden.

Dem marin-sedimentären Typ, der vermutlich auch in den präkambrischen Meeren häufiger auftrat, gehören die Lagerstätten der eurasischen Manganerzprovinz an. Sie reicht vom mittleren Ural bis nach Bulgarien und Thrazien. Hier führte die Ausscheidung des in der marinen CO_2-Zone mobilisierten Mn zur Bildung der großen Lagerstätten Tschiaturi und Nicopol — Bolschoi Tomak. Der letztere Bereich ist eine über 200 km lange, zusammenhängende Mn-Erzablagerung im Oligozän der Schwarzmeerküste. Entsprechend den Eh- und pH-Bedingungen können auch hier — ähnlich den marinsedimentären Eisenerzen vom Typ Minette — eine oxidische, eine manganitische und eine küstenfernere karbonatische Fazies unterschieden werden. Die Gesamtbreite des Faziesbereichs beträgt bei Tschiaturi 10 bis 12 km und verengt sich im mittleren Ural auf 0,5 km.

Einige bemerkenswerte Vorzüge zeichnen das Buch aus. Dem Verf. ist recht gut gelungen, die Verbindungen zwischen physikalischen und chemischen Voraussetzungen von Ausscheidung, Lösung, Wanderung und Wiederabsatz des Elements Mn und dem geologischen Milieu seiner Anreicherung und damit zur Bildung von Mn-Erzlagerstätten durchgehend aufzuzeigen, die der von H. BORCHERT gegebenen genetischen Gliederung eingefügt werden. Instruktive Abbildungen und inhaltsreiche Tabellen erweitern und unterstützen den Text. Das Literaturverzeichnis führt von den über 1200 ausgewerteten Arbeiten 425 Titel an. Somit stellt das Buch eine gedrängt gehaltene, aber doch umfassende, moderne Übersicht zur Geochemie und Lagerstättenkunde des Mangans dar. Es ist für Geochemiker, Lagerstättenkundler und Geologen gleichermaßen wichtig.

K. DETTE

Autorenkollektiv

Zur Geochemie des Germaniums und des Indiums

Leipzig: VEB Deutscher Verlag für Grundstoffindustrie 1969. Freiberger Forsch.-H., C 246, 122 S., M 23,30

In dem vorliegenden Heft werden die Ergebnisse zweier Dissertationen, angefertigt am Institut für Mineralogie und Lagerstättenlehre der Bergakademie Freiberg, vorgelegt, einmal von W. SCHRÖN: Zur Geochemie des Germaniums II. Lagerstättengenetische Probleme, S. 5 bis 65, zum anderen von B. VOLAND: Die Verteilung des Indiums in Eruptivgesteinen — Ein Beitrag zur Geochemie des Indiums, S. 67 bis 122. Bei der Vergabe der Thematik haben sicher Überlegungen eine Rolle gespielt, den traditionellen Beziehungen zwischen Arbeiten an der Bergakademie im vergangenen Jahrhundert und den genannten Elementen Rechnung zu tragen, wurden doch das Element Indium 1863 durch F. REICH und T. RICHTER in der Freiberger Zinkblende und das Element Germanium 1886 durch CL. WINKLER im Argyrodit aus Freiberger Gangparagenesen erstmalig nachgewiesen.

Beide Arbeiten zeichnen sich dadurch aus, daß sie von einer Vielzahl erzgebirgischer magmatogener und metamorphogener Gesteine sowie von Mineralen erzgebirgischer Erzparagenesen exakte Germanium- und Indiumgehalte vorlegen. Diese Werte wurden mit spektralanalytischen Methoden nach vorheriger chemischer Anreicherung gewonnen, wobei die Analysenmethoden an den Standardproben des U.S. Geological Survey und des Zentralen Geologischen Instituts, Berlin, geeicht und überprüft wurden. Das wichtigste Ergebnis beider Arbeiten sieht der Rezensent darin, für die Gesteine und Erzbildungen einer metallogenetisch so diffizil aufgebauten Einheit wie das Erzgebirge nunmehr relativ genaue Werte zu besitzen, die Gesetzmäßigkeiten der Verteilung der Elemente in unterschiedlichen Mineralparagenesen (im weitesten Sinn des Wortes) festgestellt sowie wertvolle Beiträge zur Problematik des regionalen CLARKEs und der Bestimmung des planetaren CLARKEs beider Elemente gegeben zu haben.

Besonders in der Arbeit von W. SCHRÖN wird versucht, die gefundene Elementverteilung genetisch zu interpretieren. Dabei wird oft gedanklich von Prozessen ausgegangen, die nicht belegt oder „viel zu weit herbeigeholt" sind. Es ist ganz einfach unmöglich, alle genetischen Besonderheiten von Gesteinen und (postmagmatischen) Mineralbildungen auf Grund der Verteilung eines Elements interpretieren zu wollen, zumal die Gehalte in der Regel nur im Intervall einer Zehnerpotenz (1 bis 10 g/t) liegen. Dafür sind die Prozesse zu komplex und das Verhalten eines einzigen Elements, besonders wenn es sich um eines handelt, das nur mit einer Wertigkeit auftritt, zu wenig indikativ. Der Autor schreibt z. B. (S. 23), daß „einer genetischen Ableitung der erzgebirgischen Sn-W-Lagerstätten von erzgebirgischen Gesteinen, z. B. von den sogenannten Zinngraniten, auf Grund der übereinstimmenden Ge-Gehalte der Quarze nichts im Wege steht". Rezensent ist der Meinung, daß die genetischen Beziehungen zwischen Zinnlagerstätten und Graniten nicht am Verhalten des Germaniums, gleichgültig wie es im einzelnen verteilt ist, erklärt oder geklärt werden können, weil das Verhalten des Germaniums dafür viel zu wenig kritisch ist. Darüber hinaus ist natürlich gerade bei diesem Beispiel zu beachten, daß die festgestellte Ge-Armut der Quarze der „Sn-Formation Erzgebirge" (Tab. 6, S. 41) nur in Verbindung mit den erhöhten Ge-Gehalten der paragenetischen Minerale, wie Topas oder Zinnwaldit, gesehen werden muß und daß dieser Umstand z. B. eine Folge der unter den speziellen Bedingungen wirkenden Verteilungskoeffizienten sein kann. Unklar bleibt, ob die Ge-Gehalte postmagmatischer Mineralbildungen vom Autor wirklich als temperaturabhängig oder nicht angesehen werden. Auf S. 40, Mitte, heißt es einerseits, „daß die Ge-Gehalte der pegmatitischen bis hydrothermalen Bildungen ein Indikator für die Art der leichtflüchtige Phasen bildenden Prozesse (insbesondere für Temperatur und Druck) darstellen ..."; andererseits wird S. 44 unter b) ausgesagt: „Die Ge-Gehalte der pegmatitisch-pneumatolytischen und hydrothermalen Bildungen sind nicht von der Bildungstemperatur bzw. vom Bildungsmilieu abhängig, sondern vom Stoffangebot."

In der Arbeit von B. VOLAND werden weitläufig genetische Interpretationen vermieden, allerdings ist die Zuordnung von Graniten des Erzgebirges zu solchen mit einer „normalen" oder „anomalen" Entwicklung auf Grund von FeO: In-Verhältnissen (warum wird eigentlich ein Oxyd mit einem Element korreliert?) durchaus nicht unproblematisch.

Geochemische Daten, exakt analysiert und eindeutig bestimmten Mineralbildungen zuzuordnen, sind wichtige Unterlagen für genetische Interpretationen. Sie sollten allerdings dafür nur im Komplex und ausschließlich in Verbindung mit anderen, nämlich petrologischen, tektonischen und insbesondere geologischen Fakten angewendet werden, da sonst möglicherweise Fehlschlüsse nicht ausbleiben.

G. TISCHENDORF

MANSKAYA, S. M., & T. V. DROZDOVA

Geochemistry of Organic Substances

Oxford: Pergamon Press Ltd. 1968. Intern. Series of Monographs in Earth Sciences, Vol. 28, XXIV, 3—345 (Aus dem Russischen übers. u. herausg.: L. SHAPIRO & I. A. BREGER)

Seit WERNADSKIJ wissen wir, daß biogeochemische Vorgänge bei der Konzentrierung und Dispergierung einer großen Anzahl chemischer Elemente entscheidenden Anteil haben. Wie sich gezeigt hat, übt die organische Substanz nicht nur auf die Verteilung der Elemente schlechthin direkten Einfluß aus, sie ist oft sogar maßgeblich an der Bildung von volkswirtschaftlich interessanten Lagerstätten beteiligt.

In der Reihe der Monographien über einzelne Gebiete der Geowissenschaften wurde mit dem vorliegenden Band 28 ein weiteres Standardwerk herausgegeben, das würdig an die bereits erschienenen anschließt. Die Autorinnen des aus dem Russischen in die englische Sprache übersetzten Werkes arbeiten am Wernadskij-Institut der sowjetischen Akademie der Wissenschaften, Moskau.

Nach einleitenden, die Bedeutung der organischen Substanzen in der Geochemie behandelnden allgemeinen Bemerkungen von Akademiemitglied A. P. WINOGRADOW (XI bis XX) wird der umfangreiche Stoff in zwei Hauptteilen behandelt: 1. Die organischen Substanzen und ihre Bildung (S. 3 bis 152) sowie 2. Die Anreicherung von Metallen durch organische Substanzen in sedimentären Gesteinen (S. 155 bis 285).

Der erste Hauptteil beschäftigt sich mit dem Aufbau, der Struktur, den Eigenschaften und den Bildungsbedingungen organischer Substanzen (Proteine, Carbolhydrate, Lignine, Chlorophyll, Carotenoide) sowie deren Vorkommen in Mooren, Torf, Braunkohle, Steinkohle, Wässern und gewöhnlichen Sedimenten. Im zweiten Hauptteil wird den Problemen der Anreicherung einer Reihe von Elementen durch organische Substanzen Aufmerksamkeit geschenkt. In besonderen Kapiteln werden Uran (16 S.), Germanium (21 S.), Vanadium (18 S.), Molybdän (15 S.,) Kupfer (20 S.) sowie zusammenfassend Mangan, Kobalt, Nickel, Gold, Silber, Zink, Beryllium, Scandium, Rhenium und Titan (20 S.) behandelt. Besonders im zweiten Hauptteil wird deutlich, welche aktive Rolle die organische Substanz bei der Verteilung der Elemente spielt. Die Autoren machen kein Hehl daraus, daß gegenwärtig manche Probleme noch ungeklärt sind, so z. B. die Form der Bindung zwischen manchen Metallen und den organischen Substanzen. Hieraus erwächst einerseits die Aufgabe, das Studium der organischen Bestandteile in rezenten und fossilen Sedimenten kontinuierlich fortzusetzen, andererseits aber auch die Gesetzmäßigkeiten der Assoziation bestimmter Elemente mit bestimmten organischen Komponenten näher zu untersuchen.

Ein umfangreiches Literaturverzeichnis sowie ein Sachregister beschließen das vom Verlag gut ausgestattete und den Geochemikern aller Spezialrichtungen zum Studium empfohlene Standardwerk. G. TISCHENDORF

FRIEDRICH, O. M.

Die Vererzung der Ostalpen, gesehen als Glied des Gebirgsbaues

Leoben: Verl. Inst. Miner. u. Gesteinskunde 1968. Archiv Lagerstättenforsch. in den Ostalpen, Bd. 8, 136 S., 10 Übersichtskart., 25 Fotos auf 7 Taf.

In den Ostalpen sind neben einigen größeren Lagerstätten von weltweiter Bedeutung zahlreiche kleine Lagerstätten und Vorkommen nutzbarer Minerale angetroffen worden, und man hat diese früher auch zum Teil auszubeuten versucht. Verf. hat in jahrzehntelanger Geländearbeit die zahlreichen Erz- und Minerallagerstätten der Ostalpen studiert und dabei reiches Tatsachenmaterial über die genetischen Verhältnisse der Vorkommen dieses Gebiets gesammelt.

In einem dem österreichischen Lagerstättenforscher GUSTAV HIESSLEITNER (1892—1964) gewidmeten Bändchen gibt der Verf. einen guten Überblick über die Minerogenese der Ostalpen. Er betrachtet die Mineralbildung, unterteilt in drei große Abschnitte. Einer kleinen Gruppe alter Lagerstätten, die wieder in vorvariskische und variskische untergliedert ist, steht die Hauptgruppe der alpidischen Lagerstätten gegenüber, der schließlich eine unbedeutende Gruppe nachalpidischer folgt. In der Hauptgruppe der alpidischen Lagerstätten werden drei Untergruppen unterschieden, Lagerstätten des Geosynklinalstadiums, der Orogenese und der subsequenten Vererzungen.

Zu den Lagerstätten des Geosynklinalstadiums werden die Mitterberger Kupfererzgänge, die Spatmagnesite und die Eisenspatlager sowie die Blei-Zinkerz-Lager in den Kalkalpen gerechnet. Als synorogene Mineralisationen werden die Talk- und Asbestbildung sowie alpine Kieslager (Großfragant u. a.) und Lagergänge vom Typ Schellgaden, ferner Silber-, Kupfer- und Blei-Zink-Lagergänge eingeordnet. Entgegen der Auffassung von H. FÖRSTER (1963, 1966), der die bekannte Zink-Bleierz-Lagerstätte des Schneebergs bei Sterzing als mehrfach deformierte vortriadische (variskische) Bildung epigenetischer Natur betrachtet, möchte der Verf. zunächst an einer orogen-alpidischen Entstehung festhalten. Dem subsequenten alpidischen Magmatismus werden Kieslager in der Kreuzeck-Gruppe, der Erzzug Innerkrems—Hüttenberg und die Tauern-Goldgänge zugeordnet.

Im Interesse einer regionalen Betrachtung der minerogenetischen Verhältnisse in größeren Gebieten ist der vom Verf. gegebene Überblick über die Ostalpen ein wertvoller Beitrag zur Einordnung dieses Raums, der von allen Fachleuten dankbar begrüßt werden wird. H. REH

SCHULZ, H.

Zur Petrographie und Geochemie des Lederschiefers im Geraer Vorsprung (Ostthüringen)

Leipzig: Deutscher Verlag für Grundstoffindustrie. Freiberger Forschungshefte, C 236, 1968. 31 Abb., 16 Bilder auf 4 Taf., M 19,10

Eine subtile, ins einzelne gehende Bearbeitung feinkörniger Sedimentite erfordert nach wie vor einen relativ hohen Arbeitsaufwand. Um so erfreulicher ist es, daß bei uns in den letzten Jahren eine Reihe derartiger Untersuchungen durchgeführt wurde, die gleichzeitig eine Grundlage für die Formationsanalyse darstellen.

Die vorliegende Arbeit beschäftigt sich mit der Petrographie und Geochemie des Hauptquarzits und des Lederschiefers, einer ca. 250 m mächtigen Serie des obersten Ordoviziums, im Geraer Vorsprung, Ostthüringen. Die mitgeteilten Ergebnisse und Schlußfolgerungen basieren auf einer gründlichen Untersuchung des Mineralbestands, besonders der Schichtgitterminerale und der Opaken, sowie auf der Bestimmung einer Vielzahl chemischer Komponenten, wobei die Verteilung von K_2O, MgO, S, Mo, V, Co, Zn und Ba besonders behandelt wird.

Auf Grund des Auftretens fazieskritischer Minerale wird festgestellt, daß das Redoxpotential des Sedimentationsraums vom Hauptquarzit bis zu der hangenden Serie des Lederschieferkomplexes stetig abgenommen hat, evtl. von +0,1 V bis —0,15 V. Der pH pendelt gleichzeitig im Intervall zwischen 7 und 8. Einige orientierende Isotopenuntersuchungen (Sauerstoff, Kohlenstoff, Schwefel) beschließen die lesenswerte und äquivalenten Untersuchungen als Vorbild dienende Arbeit. G. TISCHENDORF

MŁYNARSKI, M.

Fossile Schildkröten

Lutherstadt Wittenberg: A. Ziemsen-Verlag 1969. Die Neue Brehm-Bücherei, H. 396, 128 S., 73 Abb., M 10,70

Der Ziemsen-Verlag läßt es sich angelegen sein, die Schriftenreihe der Neuen Brehm-Bücherei auf der Höhe der Zeit zu halten. Das vorliegende Heft behandelt handbuchartig eine biologisch recht interessante Fossilgruppe. Der Inhalt des Heftes besteht aus drei Teilen. Auf den ersten 25 Seiten werden Biologie, Morphologie und Taxonomie dargelegt. Die nachfolgenden Seiten behandeln die stammesgeschichtlichen Probleme, ein insgesamt noch recht schwieriges Feld. Immer noch ist der Ursprung der Gruppe dunkel. Bisherige Meinungen müssen heute als unhaltbar abgelehnt werden, ohne daß besser fundierte Hypothesen vorgebracht werden können. Die sichere Überlieferung beginnt mit der Trias, seither laufen verschiedene Linien der Evolution nebeneinander, doch sind ihre Beziehungen nicht immer durchschaubar. Überlieferungslücken spielen eine große Rolle. Der dritte, umfangreichste Teil des Heftes ist der Systematik gewidmet. Er überrascht dadurch, daß von den meisten bekannten fossilen Gattungen genaue Diagnosen gegeben werden. In der Systematik lehnt sich MŁYNARSKI an die Handbücher von KUHN an, arbeitet aber eigene Vorstellungen ein. Dieser Teil ist der wertvollste, da hier in allererster Linie die für den Paläontologen handgreiflichen Fakten klar dargeboten werden. In Anbetracht dessen ist der Preis mäßig zu nennen, zumal die drucktechnische Ausführung sehr ansprechend ist. H. PFEIFFER

Autorenkollektiv

Mathematische Methoden in der Geologie, Band 1

„Trudy WSEGEI", nowaja serija, Leningrad 1968, t. 150, 175 S., 16 Art., 40 Abb., 1 Rbl. 35 Kop.

In der UdSSR wird der breiten Anwendung mathematischer Methoden zur Auswertung geologischer Daten größte Aufmerksamkeit geschenkt. Im Zusammenhang mit dem allseitigen Einsatz elektronischer Datenverarbeitungsanlagen wird insbesondere die Interpretation der Meßergebnisse aus der Petrolchemie, Mineralogie, Metallogenie, Lithologie, Stratigraphie und Paläontologie mittels wahrscheinlichkeitsstatistischer Verfahren als vorrangig betrachtet.

Diese Einstellung zu dem als „mathematische Geologie" bezeichneten Gebiet wird durch den neuesten einschlägigen Sammelband, der von W. W. GRUZA herausgegeben wurde, nachhaltig unterstrichen. Unter den Autoren der 16 Aufsätze finden sich neben bekannten auch neue Namen, andeutend, daß die Basis mathematisch arbeitender Geologen in der UdSSR ständig ausgeweitet wird. Das gleiche trifft auf die Vielfalt der angewendeten Methoden zu. Zu statistischen Verfahren gesellen sich Arbeiten über die Anwendung der Informationstheorie, der projektiven Geometrie sowie sehr moderner Methoden (Diagnostizierung paläontologischer Objekte nach Gesamtheiten von Merkmalen; Korrelation mit Hilfe qualitativer und „halbquantitativer" mineralogischer, petrographischer, spektralanalytischer Daten; lineare Diskriminanzanalyse zur gegenseitigen Abtrennung von Sedimenten an Hand der Korngrößen; Methode der einfachen Analyse numerischer Gesamtheiten mit Periodogrammen u. a.). Es ist ferner bemerkenswert, daß alle wichtigen Berechnungen auf der Anlage BESM—2 durchgeführt werden können.

Die Artikel zeichnen sich durchweg dadurch aus, daß sie konkrete geologische Aufgaben aufgreifen und mit Hilfe der jeweils geeigneten mathematischen Apparate eine moderne, wissenschaftlich verbesserte Lösung aufzeigen. Wie schon in anderen sowjetischen Sammelbänden zur mathematischen Geologie wird auch hier das geologische Problem in den Mittelpunkt gesetzt und das mathematische Verfahren als zwar wichtig, aber eben doch nur als Hilfsmittel aufgefaßt. Folglich ist der Anteil an mathematischen Formalismen relativ gering.

Allerdings werden sich Grundkenntnisse der mathematischen Statistik bei der Lektüre als notwendig erweisen: Der Band ist nicht als Einführung geschrieben worden, sondern er wendet sich an die Geologen, die bereits mit Hilfe der Mathematik arbeiten. Ihnen gibt er eine Fülle von Anregungen, die sich auf die jeweiligen speziellen Arbeitsrichtungen ohne weiteres anwenden lassen.

Den Artikeln sind meist umfangreiche Literaturverzeichnisse beigegeben worden, die sowjetische wie auch ausländische Arbeiten nennen. Viele Tabellen und graphische Darstellungen erleichtern das Verständnis dieses sehr gut ausgestatteten Sammelbandes. H. THIERGÄRTNER

ALLIQUANDER, Ö.

Das moderne Rotarybohren

Leipzig: VEB Deutscher Verlag für Grundstoffindustrie 1968. 2. vollkommen erweit. Aufl., 437 S., 333 Abb., 17 Tab., Leinen M 33,80

Wenn sich der Deutsche Verlag für Grundstoffindustrie entschließen konnte, das Buch „Das moderne Rotarybohren" bereits knapp 2 Jahre nach dem Erscheinen der 1. Auflage neu herauszugeben, so kann man hieraus einerseits erkennen, daß das Buch in Fachkreisen eine gute Aufnahme fand, und andererseits, daß wir noch immer über eine recht spärliche Auswahl an aktueller Fachliteratur über bohrtechnische Probleme verfügen.

Der Verf. hat als international anerkannter Fachmann auf dem Gebiet des Tiefbohrens in seinem Buch seine umfassenden praktischen Erfahrungen mit einer ausgezeichneten Analyse des internationalen Fachschrifttums vereinigt. Auch der Besitzer der 1. Auflage ist gut beraten, wenn er noch die 2. Auflage des Buches erwirbt; denn sie wurde auf Wunsch des Herausgebers und des Verlages um einige wichtige Kapitel, wie Auswahl von Bohranlagen, Bohrlochkonstruktion, Zementation, Ausbildung des Bohrlochkopfes u. a., erweitert. Die übrigen Kapitel wurden dem neuesten wissenschaftlichen Stand angepaßt.

Gerade der Bohrtechniker, der komplizierte Aufgaben zu lösen hat, findet viele Anregungen für seine Arbeit. Erwähnt sei, daß der Verf. unter Rotarybohren im weiteren Sinn auch das Turbinenbohren mit versteht, das ja bei einer konsequenten Anwendung des Sprachgebrauchs auch ein rotierendes Bohren ist. Aus diesem Grunde wurde auch dieses Bohrverfahren in angemessener Weise mit aufgenommen.

Probleme der mechanischen Gesteinszerstörung und der Bohrlochhydraulik werden entsprechend ihrer gegenwärtigen schwerpunktmäßigen Bedeutung in der Bohrtechnik auch in ihren physikalischen Grundlagen behandelt.

„Das moderne Rotarybohren" ist kein Lehrbuch schlechthin, es setzt ein gewisses Maß an Grundkenntnissen und prinzipiellen Erfahrungen voraus. Gerade deshalb dürfte es für den im Betrieb stehenden Ingenieur ein recht brauchbares Hilfsmittel sein, weil es praktisch keinen fachlichen Ballast enthält, auf den der erfahrene Praktiker bequem verzichten kann.

Dem Deutschen Verlag für Grundstoffindustrie ist es gelungen, auch die 2. Auflage des Buches wieder in recht ansprechender Form bei einem günstigen Preis vorzulegen.

Auch der 2. Auflage ist eine schnelle Verbreitung zu wünschen, weil sie gegenwärtig in besonders hohem Maße geeignet ist, die fachliche Qualifizierung zu fördern. Der Wert des Buches wird schließlich auch dadurch unterstrichen, daß es gegenwärtig noch als Übersetzung in der Sowjetunion herausgegeben wird. W. ARNOLD

Neuerscheinungen und Literaturhinweise

BERBIG, R., & F. FRANKE

Netzplantechnik

Verl. f. Bauwesen, Berlin 1968. – 173 S., 81 Abb., 16 Tab.

BOUMA, A. H.

Sedimentology of some Flysch deposits. A graphic approach to facies interpretation

Verl. Elsevier, Amsterdam–New York 1962. – 168 S., 3 Beil., 31 Abb., 17 Tab., 8 Taf.

HOFER, A., u. a.

Fachwörterbuch. Begriffe und Sinnbilder der Datenverarbeitung – Schriftenreihe Datenverarbeitung

Verl. Die Wirtschaft, Berlin 1968. – 196 S.

KUDRJAWZEW, A. A.

Chemie und Technologie des Selens und Tellurs

Isd-wo Metallurgija, Moskau 1968. – 338 S., 56 Abb., 63 Tab.

LEDERER, C. M., u. a.

Table of isotopes

Verl. Wiley, New York–London–Sydney 1967. – 318 S., 73 Abb., 18 Tab.

MAMEDOW, S. N., u. a.

Rationeller Abbau der Steinsalzlagerstätten Aserbaidshans

Isd-wo Akad. nauk Aserbaidsh. SSR, Baku 1967. – 223 S., 66 Abb., 34 Tab.

ROSHNOWSKIJ, A. A.

Der Abbau von Seifenlagerstätten

Isd-wo Nedra, Moskau 1968. – 304 S., 134 Abb., 49 Tab.

RUDNICKIJ, W. P.

Seismische Bohrlochuntersuchungen

Isd-wo Naukowa Dumka, Kiew 1968. – 137 S., 57 Abb.

Informationen

Entwicklung der Welterdölvorräte

HELMUT C. F. LAURIEN gibt im Jahrbuch der europäischen Erdölindustrie (ANEP, 1968) folgende interessante Übersicht. Seit 1956 sind etwa 15 Mrd. t Erdöl gefördert worden. Im gleichen Zeitraum konnten 45 Mrd. t neugefunden werden. Demnach betrug der Nettozuwachs ca. 30 Mrd. t. Zu Beginn des Jahres 1966 wurden die Welterdölvorräte auf 48 Mrd. t beziffert. Zu Beginn des Jahres 1967 waren es bereits 53 Mrd. t und zu Ende des gleichen Jahres 56,8 Mrd. t.

Die westliche Hemisphäre verfügt über 10400 Mill. t, die östliche über 46400 Mill. t Vorräte.

Bei den weiteren vermuteten Vorräten rechnet man insgesamt auf 250 Mrd. t. Besondere Erwartungen werden dabei auf die Kontinentalschelfe gesetzt mit den anschließenden Bereichen bis zu 300 m Wasserüberdeckung. Hier vermutet man 150 Mrd. t. Außerdem erwartet man, durch eine Verbesserung des Entölungsgrades die gewinnbaren Reserven um 250 Mrd. t steigern zu können. Des weiteren wird das Ausbringen aus Ölschiefern und Ölsanden mit 300 Mrd. t veranschlagt.

Es bleibt abzuwarten, was aus diesen Erwartungen und Vermutungen künftig realisiert werden kann.

UdSSR in der Welterdgasförderung

Nach Angaben von HELMUT C. F. LAURIEN in ANEP, 1968, wurden im Jahre 1966 im Weltmaßstab 6% mehr Erdgas gefördert als 1965. Dabei stieg der Anteil des Erdgases an der Weltenergieversorgung nur unwesentlich von 16,3% auf 16,7%.

Das Schwergewicht der Erdgasförderung lag in Nordamerika. Hier hat im Jahre 1966 die Erdgasproduktion mit 673 Mill. t SKE diejenige der Erdölförderung von 653 Mill. t SKE überstiegen. Diese Tendenz dürfte weiterhin anhalten.

Innerhalb der gesamten Weltproduktion nimmt die Sowjetunion eine beachtenswerte Stellung ein. Ihr Anteil betrug 1965 20%, stieg 1966 auf 22% und erreichte 1967 23%. Auch diese Entwicklung dürfte sich in Zukunft verstärkt fortsetzen.

Erdöl und Erdgas in der Ukrainischen SSR

Der Aufschluß des Dnepr—Donez-Beckens für Kohlenwasserstoffe ist eines der bedeutendsten Ereignisse geologischer Such- und Erkundungsarbeiten während der Sowjetmacht. Bis heute konnten dort 73 z. T. sehr bedeutende Erdöl- und Erdgaslagerstätten nachgewiesen werden. Die Vorräte insgesamt sind enorm. Am hervorragendsten können die Erdgasreserven der Lagerstätte von Schebelinka bezeichnet werden. 1967 betrug die Erdölförderung in der Ukraine 10,7 Mill. t, die Erdgasförderung 47 Mrd. m³. Die gewinnbaren Erdgasvorräte werden mit 500 Mrd. m³ angegeben. Die Erkundung des Gesamtgebiets ist noch nicht abgeschlossen. Die weiteren Arbeiten konzentrieren sich auf das Untere Perm, das Karbon und das Devon im Nordwestteil des Bekkens. Weitere neue Lagerstätten werden in der „Innenzone" in der Unterkreide und im Paläogen des Siwasch-Beckens im S der Ukraine erwartet.

Entwicklung und Pläne der bulgarischen Erdölindustrie

Mit sowjetischer Hilfe hat in der Nachkriegszeit in der VR Bulgarien eine systematische Such- und Erkundungstätigkeit auf Kohlenwasserstoffe eingesetzt. In deren Ergebnis verfügt heute das Land über zehn Erdöl- und Erdgaslagerstätten. Die bedeutendste unter ihnen ist die von Dolni-Dybnik bei Pleven.

1966 konnten bereits ca. 300000 t und 1967 ca. 500000 t Rohöl gewonnen werden.

Es sind Pläne erarbeitet worden, nach denen man im Jahre 1970 allein auf dem Dolni-Feld über 70 Produktionssonden verfügen will, die eine Gesamtausbeute von ca. 900000 t liefern.

Insgesamt sieht der Plan für 1970 eine gesamtbulgarische Gewinnung von Erdöl mit 1 Mill. t und von Erdgas mit 700 Mill. m³ vor (1966 waren es 540 Mill. m³). Man schätzt, 1980 über eine Jahresproduktion von 4 Mill. t Rohöl und 2 Mrd. m³ Erdgas verfügen zu können.

Die Erdgasvorräte werden derzeit mit 30 Mrd. m³ angegeben.

Im Augenblick werden die Sucharbeiten mit Nachdruck fortgesetzt und beziehen auch den Küstenstreifen des Schwarzen Meeres ein, wo kürzlich bereits eine Fundbohrung registriert werden konnte.

Aus Rumäniens Erdölwirtschaft

Die rumänische Erdölwirtschaft ist eine der ältesten der Welt. Erstmals wurde dort 1856 Erdöl industriell gewonnen. Der damalige Schwerpunkt war Ploieşti. Die nachfolgende Entwicklung war sehr wechselvoll und ist gekennzeichnet durch die Machtkämpfe einzelner Interessenten und Trusts. Erst mit der Errichtung der Volksrepublik konnten geordnete Verhältnisse auf diesem wichtigen Rohstoffsektor hergestellt werden, dem nun erstmalig planvolle Arbeiten zugrunde gelegt wurden. An die Stelle von 149 vielfach miteinander konkurrierender Privatwirtschaften trat nunmehr eine einheitliche Leitung. Diese Prinzipien führten zu einem beachtlichen Aufblühen der Erdölwirtschaft. Innerhalb von 23 Jahren konnte die Produktion von 3,5 Mill. t auf 13,2 Mill. t jährlich gesteigert werden.

Während früher fast 99% der Produktion dem Revier von Ploieşti entstammte, hat sie sich heute wesentlich weiter aufgegliedert und zeigt etwa folgendes Bild:

Region Ploieşti		34%
Region Argeş	mit den Feldern von Piteşti, Leordeni, Budeşteni, Fracinu, Valea Caselor und Babeni, ferner Govora	24%
Region Oltenien	mit Ticleni und Bilteni	21%
Region Bacău (Moldau) mit	Moineşti, Tazlau, Zemeneş, Solont, Staneşti und Tetcani	18%
übrige		3%
		100%

Die Vorräte der SR Rumänien an Erdöl werden derzeit mit ca. 135 Mill. t beziffert.

Das Zentrum der Erdgasindustrie (Trockengas mit 98 bis 99% Methan) ist noch immer Transsylvanien. Der Jahresanfall von reinem Erdgas betrug 1967 ca. 16 Mrd. m³. Die gewinnbaren Vorräte werden mit 180 bis 200 Mrd. m³ angegeben.

Die erdölindustrielle Entwicklung Albaniens

Die ersten Erdölfunde von Bedeutung wurden in Albanien im Jahre 1918 gemacht. Es handelte sich um die Lagerstätten von Pathos, Fieri, Vlora und Devoli. Allerdings wurde die Produktion bald wieder weitgehend eingestellt, weil der starke Asphaltgehalt der Öle einen gewinnbringenden Abbau der Lagerstätten fast unmöglich machte. Immerhin brachte die Gewinnung von Naturasphalt dem Land gewisse Erträge. Nach dem 2. Weltkrieg konnte, dank der Hilfe der Sowjetunion, die Erdölsuche und -erkundung wiederaufgenommen werden. Sie verlief so erfolgversprechend, daß die Rohölgewinnung von 1950 die der Vorkriegszeit bereits um 30% überstieg.

Nach dem Bruch Albaniens mit der UdSSR kam es nach 1961 zu einem merklichen Rückgang in der Produktion. Er konnte aber 1963 mit der Entdeckung von zwei neuen Erdölfeldern wieder aufgeholt und in gewissem Maße überholt werden.

Nach neuen Schätzungen belaufen sich die Erdölvorräte des Landes derzeit auf ca. 100 Mill. t, die von Erdgas auf ca. 9 Mrd. m³.

Hollands Erdgasvorräte

Die letzten Schätzungen über die Erdgasvorräte von Slochteren in Holland nennen 1650 Mrd. m³ als „sichere" Reserven. Weitere 294,5 Mrd. m³ werden als „wahrscheinliche" Vorräte bezeichnet, 4,8 Mrd. m³ als „mögliche". In den übrigen Landesteilen Hollands sollen die „sicheren" Vorräte an Erdgas 59,1 Mrd. m³, die „wahrscheinlichen" 71,8 Mrd. m³ und die „möglichen" 112,6 Mrd. m³ betragen. Aus diesem Gesamtvolumen läßt sich über einen Zeitraum von mindestens 40 Jahren eine jährliche Ausbeute von 40 bis 50 Mrd. m³ Erdgas gewinnen. (ANEP, 1968)

Bohrung auf Erdgas in Westberlin

Wie aus Kreisen der BP (British Petrol) berichtet wird, ist beabsichtigt, Anfang des kommenden Jahres im Westberliner Bezirk Grunewald mit einer Tiefbohrung auf Erdgas zu beginnen. Die Arbeiten sind für die Dauer eines halben Jahres geplant. Die Bohrung soll eine Teufe von 1200 bis 1500 m erreichen und den Buntsandstein untersuchen. Eine Vertiefung bis ins Rotliegende, das bei 3700 m erwartet wird, ist vorgesehen.

Der Bohrpunkt wurde auf Grund geophysikalischer Messungen, vor allem mit dem Vibroseisverfahren, festgelegt.

Weltkohleförderung 1968

Die Weltkohleförderung übertraf im vergangenen Jahre die des Vorjahrs um 150 Mill. t. Insgesamt wurden 2870 Mill. t Kohle gewonnen. Davon entfielen 2045 Mill. t auf Steinkohle und 825 Mill. t auf Braunkohle.

Die Grundtendenz dieser Entwicklung setzte sich in der UdSSR, in den USA und in der VR Polen durch. Demgegenüber ging in Westeuropa die Produktion zurück. Sie sank von 189 Mill. t im Vorjahr auf 181 Mill. t im Jahre 1968. Insgesamt förderte Europa in diesem Jahre mit 535 Mill t. etwa ebensoviel wie die USA und die UdSSR.

Kohle bleibt wichtigste Energiequelle

Während die Bedeutung der Kohle im Energiehaushalt der westeuropäischen Staaten noch immer ein Streitobjekt ist, mit dessen Lösung sich eine Reduzierung der Rohstoffproduktion und die Schließung vieler Gruben verbindet, haben kürzlich die sozialistischen Staaten die Ziele für ihre Pläne bis 1970, teilweise sogar bis 1980, veröffentlicht. Die Zahlen zeigen, daß viele Staaten trotz der z. T. sehr bedeutenden Erdöl- und Erdgasvorräte eine starke Expansion der Kohleförderung anstreben. Folgende Tabelle gibt im einzelnen darüber Auskunft:

	Steinkohle (Mill. t)			Braunkohle (Mill. t)		
	1965	1970	1980	1965	1970	1980
UdSSR	430	665–675	700	150	–	500
VR Polen	119	143	176	23	43	121
Ungarische VR	4	–	–	27	–	–
SR Rumänien	6	–	10–15	6	20	70
VR Bulgarien	1	2	–	25	51	79
ČSSR	28	–	60	73	96	130

	Rohöl (Mill. t)			Erdgas (Mrd. Nm³)		
	1965	1970	1980	1965	1970	1980
UdSSR	234	345–355	690–710	129	225–240	–
SR Rumänien	12	13	–	14	19	–

1965 = Effektivzahlen, 1970 und 1980 = Planzahlen (soweit keine verläßlichen Angaben vorhanden, wurden in die entsprechenden Spalten Striche eingesetzt)

Der Tabelle ist zu entnehmen, daß alle sozialistischen Länder sämtliche eigenen Energiereserven zur Bedarfsdeckung heranzuziehen beabsichtigen, auch die Steinkohle. Eine Ausnahme macht Rumänien beim Rohöl, dessen Förderung seit ca. 2 bis 3 Jahren praktisch stagniert und auch in Zukunft nicht mehr expandieren soll. Wenn man das Fazit dieser Betrachtungen zieht, so ist unschwer zu erkennen, daß die sozialistischen Staaten trotz sehr großer Erdölreserven und enormer Erdgas- und Braunkohlenvorräte die Steinkohle keineswegs vernachlässigen, sondern ihr steigende Chancen einräumen. Auch die USA betreibt eine ähnliche Energiepolitik. Bis 1970 wollen die USA ihre Steinkohlenförderung auf über 500 Mill. t pro Jahr erhöhen (Förderung 1965 = 474 Mill. t).

Lignitkraftwerke in Norddakota

In Norddakota lagern Lignitvorräte von 3000 Mrd. t, die kostengünstig gewonnen werden können. Die Förderung beträgt derzeit etwa 3 Mill. t pro Jahr. In den nächsten fünf Jahren wird mit einer Verdoppelung gerechnet. Die Hauptabnehmer sind Lignitkraftwerke, unter denen die in der Nähe von Stanton, Norddakota, liegenden Anlagen die bedeutendsten sind. Wegen des hohen Salzgehalts der Asche besteht erhebliche Verschlackungsneigung. Durch konstruktive Maßnahmen und Reinigungseinrichtungen versucht man, mit den Schwierigkeiten fertig zu werden.

Kohlenvorräte in Alaska

Neuerdings sind Schätzungen über die Kohlenvorräte in folgenden Bereichen Kanadas vorgenommen worden: Nordalaska, bei Nenana, Jarvis Creek und Broadpass Kohlenfelder an den Flanken der Alaskakette, ferner das Matanuska-Susitna-Kenai-Feld im Cook-Inlet-Becken. Dazu kamen noch einige kleine, wenig bedeutende Lagerstätten, z. B. von der Halbinsel Seward und entlang dem Kobukfluß sowie dem unteren Yukonfluß. Nach diesen Einschätzungen belaufen sich die Vorräte Alaskas auf 130125 Mill. t. Sie setzen sich zusammen aus 19429 Mill. t bituminöser Kohle und 110696 Mill. t subbituminöser Kohle und Lignite.

Kurznachrichten

Kürzlich wurden im Arktischen Ozean im Bereich der Küste **Alaskas,** ca. 320 km von der kanadischen Grenze entfernt, **Erdöllagerstätten** entdeckt, die beträchtliches Ausmaß haben sollen. Man rechnet mit einer Förderung von 10 Mrd. Faß. Das hochwertige Öl bleibt selbst bei — 23°C flüssig.

In der **Republik Zentralafrika** ist auf Veranlassung der Regierung eine Gesellschaft zum Abbau der **Uranlagerstätten** gebildet worden. Es handelt sich um das Revier von Bakouma, ca. 500 km östlich von Bangui. Die Vorräte werden auf 5000 t Uranmetall geschätzt. Es sollen 500 t Konzentrat pro Jahr gewonnen werden.

Sowjetische Spezialisten sind in **Marokko** eingetroffen, um geologische, chemische und geophysikalische Untersuchungen anzustellen. Die Arbeiten beziehen sich auf den Nachweis von **Kobalt** in der Umgebung von Bou Azzer, wo eine Mine bereits 17500 t Kobalterz produziert.

An gewissen Stellen des **ostpazifischen Rückens** wurden neben Ablagerungen mit **Mangan** solche mit **Eisen** festgestellt. Sie enthalten bis zu 30 Masse-% Fe. Das Verhältnis der Gehalte schwankt. Die Entstehung wird als fraktionierte Fällung aus hydrothermalen Lösungen vulkanischen Ursprungs gedeutet.

Indien hat Vorbereitungen getroffen, die **Kupfererzlagerstätte** von Singhbum im Staat Bihar abzubauen. Die Vorräte werden insgesamt mit 63 Mt Erz mit einem Kupfergehalt von 1,5% Cu angegeben. Man rechnet mit einer Anfangsproduktion von 500 t Erz pro Tag.

Mitarbeiter des Geologischen Dienstes des **Irans** haben eine **Kupferlagerstätte** mit Vorräten von 100 Mill. t Erz zu 1,5% Cu entdeckt. Sie liegt innerhalb der bereits Kupfer produzierenden Zone von San Cheshnut im nördlichen Teil des Landes. Das Erz kann im Tagebau gewonnen werden.

Der geologische Dienst von **Ghana** gibt die Entdeckung einer **Quecksilberlagerstätte** bekannt. Sie liegt bei Sampa, nahe der Grenze zur Elfenbeinküste. Eine genaue Berechnung der Vorräte konnte noch nicht vorgenommen werden.

Der Pegmatit von Kobokobo in der **Republik Kongo** gilt als die größte **Berylliumlagerstätte** der Welt. Neben diesem Mineral werden Columbit und Zinnstein gefördert. Außerdem enthält die Lagerstätte Konzentrationen von Phosphaten und stellenweise eine Uran-Thorium-Mineralisation.

In der **Republik Südafrika** wird die „Mine von Bafokeng" zur Gewinnung von **Platin** in Betrieb genommen. Vorgesehen ist eine Produktion von 3,1 t Platin, 1000 t Kupfer und 900 bis 1350 t Nickel.

Die **Diamanten**-Produktion **Portugiesisch-Angolas** erreichte mit 1,289 Mill. Karat im letzten Jahre eine neue Rekordhöhe. Davon entfielen 77% auf die wertvolleren Schmuckdiamanten und 23% auf Industriediamanten. In diesem Jahre sind die Aufbereitung von fast 3 Mill. m³ diamanthaltigen Gesteins und eine Produktion von etwa 1,2 Mill. Karat geplant.

Marokko, der größte Phosphorexporteur der Erde, wird im neuen Fünfjahrplan (1968 bis 1972) die **Phosphatproduktion** 1970 auf 14,68 Mill. t und 1972 auf 17,5 Mill. t steigern. 1967 wurden 9,428 Mill. t gefördert und 1968 ca. 11 Mill. t.

In **Mauretanien** wird bei Bou Naga, ca. 350 km östlich von Nouakchott in Kürze ein Bergbau auf **Seltene Erden** anlaufen. Man rechnet mit einer Erzausbeute von 1000 t pro Jahr mit einem geschätzten Gehalt von 3 bis 5% Y_2O_2, neben anderen wichtigen Bestandteilen, die in der elektronischen Industrie Verwendung finden können.

Auf Grund einer Verordnung der französischen Regierung werden in den Departements **Guadelupe, Martinique, Réunion** und **Guyane** ausgedehnte Untersuchungen durchgeführt. Sie haben das Ziel, unterirdische **heiße Wässer** und das Vorhandensein von Dampf nachzuweisen, um diese Energien beim Aufbau lokaler Industrien zur Verfügung zu stellen.

In den nächsten Heften

der

Zeitschrift für angewandte Geologie

erscheinen u. a. folgende Beiträge

H. J. FRANZKE, M. HAUPT & J. HOFMANN: Die Tektonik der Fluoritlagerstätte Rottleberode/Harz

M. K. KALINKO: Perspektiven der Erdöl- und Erdgasführung der Aquatorien der Erde

O. RADTSHENKO: Über den Mechanismus der Erdölbildung

P. KRÜGER & W. OSSENKOPF: Zur Kenntnis des sedimentären Fluorits im Plattendolomit von Caaschwitz

G. NACHSEL: Idiomorphe Quarze und Vertaubungen im Kaliflöz „Staßfurt" des Südharz-Kalireviers

R. RÖSLER: Die Auswertung radiometrischer Bohrlochmessungen mit Hilfe numerischer Filterprozesse

G. TISCHENDORF, S. LÄCHELT & J. RENTZSCH: Zu Problemen der Metallogenie in der DDR I. Die metallogenetische Rayonnierung des Territoriums der DDR

F. STAMMBERGER: Zwei Grundtypen geologischer Suchstrategien

J. DOMMENZ: Zur Anwendung moderner Methoden der sozialistischen Wirtschaftsführung in der geologischen Erkundung

C. FREESE, W. JUNG & G. MEYER: Zu einem Lagerstätten-Planungsmodell im Kupferschieferbergbau

H. J. RÖSLER & J. PILOT: Anwendung und Bedeutung der Isotopengeochemie

Herausgeber: Zentrales Geologisches Institut im Auftrag des Staatssekretariats für Geologie beim Ministerrat der Deutschen Demokratischen Republik. Für die kollektive Chefredaktion: Dr. K. KAUTER (Redaktionssekretär), Berlin. Redaktion: 1054 Berlin, Zionskirchstraße 34 (Fernsprecher 426001). Verlag: Akademie-Verlag GmbH, 108 Berlin, Leipziger Straße 3–4 (Fernsprecher 220441, Telex 0112020. Postscheckkonto: Berlin 35021). Bestellnummer des Heftes 1047/15/7. Alleinige Anzeigenannahme DEWAG-WERBUNG, 102 Berlin, Rosenthaler Str. 28–31, und alle DEWAG-Betriebe in den Bezirksstädten der DDR. Die „Zeitschrift für angewandte Geologie" erscheint monatlich, Exportpreis: M 6,—, Sonderpreis für die DDR: M 2,— je Heft. — Satz und Druck: VEB Druckhaus „Maxim Gorki", 74 Altenburg. Veröffentlicht unter der Lizenznummer 1279 des Presseamtes beim Vorsitzenden des Ministerrates der Deutschen Demokratischen Republik.